新时代中……护丛书

The Series on China's Biodivers… Protection in the New Era

中国生态学学会　组编

中国国家公园与自然保护地体系

National Parks and Protected Areas System in China

徐卫华　欧阳志云　主编

河南科学技术出版社
· 郑州 ·

中国国家公园与自然保护地体系

图书在版编目（CIP）数据

中国国家公园与自然保护地体系/中国生态学学会组编；徐卫华，欧阳志云主编. —郑州：河南科学技术出版社，2022.10

（新时代中国生物多样性与保护丛书）

ISBN 978-7-5725-0507-2

Ⅰ.①中… Ⅱ.①中… ②徐… ③欧… Ⅲ.①国家公园－建设－中国②自然保护区－建设－研究－中国 Ⅳ.①S759.992

中国版本图书馆CIP数据核字（2021）第123486号

出版发行：河南科学技术出版社
地址：郑州市郑东新区祥盛街27号　邮编：450016
电话：（0371）65788629　65788613
网址：www.hnstp.cn

选题策划：张　勇
责任编辑：陈　艳
责任校对：梁晓婷
整体设计：张　伟
责任印制：张艳芳
地图审图号：GS（2021）5513号
地图编制：湖南地图出版社
印　　刷：河南新华印刷集团有限公司
经　　销：全国新华书店
开　　本：787 mm×1092 mm　1/16　印张：6.5　字数：110千字
版　　次：2022年10月第1版　2022年10月第1次印刷
定　　价：56.00元

本书编写人员名单

主　编　徐卫华　欧阳志云

编　者　杜　傲　江　南　臧振华
　　　　范馨悦　胡雄蛟　汪筱林

序言

生物多样性是地球上所有动物、植物、微生物及其遗传变异和生态系统的总称。习近平总书记指出："生物多样性关系人类福祉，是人类赖以生存和发展的重要基础。"生物多样性是全人类珍贵的自然遗产，保护生物多样性、共建万物和谐的美丽世界不仅是当前经济社会发展的迫切需要，也是人类的历史使命。

我国国土辽阔、海域宽广，自然条件复杂多样，加之较古老的地质史，形成了千姿百态的生态系统类型和自然景观，孕育了极其丰富的植物、动物和微生物物种。

我国是全球自然生态系统类型最多样的国家之一，包括森林、灌丛、草地、荒漠、高山冻原与海洋等。在陆地自然生态系统中，有森林生态系统 240 类，灌丛生态系统 112 类，草地生态系统 122 类，荒漠生态系统 49 类，湿地生态系统 145 类，高山冻原生态系统 15 类，共计 683 种类型。我国海洋生态系统主要有珊瑚礁生态系统、海草生态系统、海藻场生态系统、上升流生态系统、深海生态系统和海岛生态系统，以及河口、海湾、盐沼、红树林等重要滨海湿地生态系统。

我国是动植物物种最丰富的国家之一。我国为地球上种子植物区系起源中心之一，承袭了北方古近纪、新近纪，古地中海及古南大陆的区系成分。我国有高等植物 3.7 万多种，约占世界总数的 10%，仅次于种子植物最丰富的巴西和哥伦比亚，其中裸子植物 289 种，是世界上裸子植物最多的国家。中国特有种子植物有 2 个特有科，247 个特有属，17 300 种以上的特有种，占我国高等植物总数的 46%以上。我国还是水稻和大豆的原产地，现有品种分别达 5 万个和 2 万个。我国有药用植物

11 000 多种，牧草 4 215 种，原产于我国的重要观赏花卉有 30 余属 2 238 种。我国动物种类和特有类型多，汇合了古北界和东洋界的大部分种类。我国现有 3 147 种陆生脊椎动物，特有种共计 704 种。包括 475 种两栖类，约占全球总数的 4%，其中特有两栖类 318 种；527 种爬行类，约占全球总数的 4.5%，其中特有爬行类 153 种；1 445 种鸟类，约占全球总数的 13%，其中特有鸟类 77 种；700 种哺乳类，约占全球总数的 10.88%，其中特有哺乳类 156 种。此外，中国还有 1 443 种内陆鱼类，约占世界淡水鱼类总数的 9.6%。我国脊椎动物在世界脊椎动物保护中占有重要地位。

我国保存了大量的古老孑遗物种。由于中生代末我国大部分地区已上升为陆地，第四纪冰期又未遭受大陆冰川的影响，许多地区都不同程度保留了白垩纪、古近纪、新近纪的古老残遗部分。松杉类植物世界现存 7 个科中，中国有 6 个科。此外，我国还拥有众多有“活化石”之称的珍稀动植物，如大熊猫、白鳍豚、文昌鱼、鹦鹉螺、水杉、银杏、银杉和攀枝花苏铁等。

我国政府高度重视生物多样性的保护。自 1956 年建立第一个自然保护区——广东鼎湖山国家级自然保护区以来，我国一直积极地推进自然保护地建设。目前，我国拥有国家公园、自然保护区、风景名胜区、森林公园、地质公园、湿地公园、水利风景区、水产种质资源保护区、海洋特别保护区等多种类型自然保护地 12 000 多个，保护地面积从最初的 11.33 万 km^2 增至 201.78 万 km^2。其中，陆域不同类型保护地面积 200.57 万 km^2，覆盖陆域国土面积的 21%；海域保护地面积约 1.21 万 km^2，覆盖海域面积的 0.26%。这对保护我国的生态系统与自然资源发挥了重要作用。同时，我国还积极推进退化生态系统恢复，先后启动与实施了天然林保护、退耕还林还草、湿地保护恢复，以及三江源生态保护和建设、京津风沙源治理、喀斯特地貌生态治理等区域生态建设工程。党的十八大以来，生态保护的力度空前，先后启动了国家公园体制改革、生态保护红线规划、重点生态区保护恢复重大生态工程。我国是全球生态保护恢复规模与投入最大的国家。自进入 21 世纪以来，我国生态系统整体好转，大熊猫、金丝猴、藏羚羊、朱鹮等珍稀濒危物种种群得到恢复和持续增长，生物多样性保护取得显著成效。

时值联合国《生物多样性公约》第十五次缔约方大会（COP15）在中国召开之际，中国生态学学会与河南科学技术出版社联合组织编写了“新时代中国生物多样性与保护丛书”。本套丛书包括《中国植物多样性与保护》《中国动物多样性与保护》《中国生态系统多样性与保护》《中国生物遗传多样性与保护》《中国典型生态脆弱区生态治理与恢复》《中国国家公园与自然保护地体系》和《气候变化的应对：中国的碳中和之路》七个分册，分别从植物、动物、生态系统、生物遗传、生态治理与恢复、国家公园与保护地、生态系统碳中和七个方面系统介绍了我国生物多样性特征与保护所取得的成就。

本丛书各分册作者为国内长期从事生物多样性与保护相关科研工作的一流专家学者，他们不仅积累了丰富的关于我国生物多样性与保护的基础资料，而且还具有良好的国际视野。希望本丛书的出版，可推动社会各界进一步关注我国复杂多样的生态系统、丰富的动植物物种和遗传资源，进而更深入地了解我国生物多样性保护行动与成效，以及我国生物多样性保护对人类发展做出的贡献。

在本丛书即将出版之际，特向河南科学技术出版社及中国生态学学会办公室范桑桑和庄琰的组织联络工作致以衷心的感谢。我国生物多样性极其丰富复杂，加之本丛书策划编撰的时间较短，文中疏漏和错误之处，敬请广大读者指正批评。

中国生态学学会理事长　欧阳志云

2021 年 8 月

摄影　李金利

前言

我国地域辽阔，地貌类型复杂，横跨多个气候带，孕育了丰富而又独特的生物多样性，是世界上生物多样性最丰富的12个国家之一。其中，高等植物种数居世界第三位，是北半球植物种类最丰富的国家；脊椎动物7 300余种，哺乳动物种数为世界第一，也是世界上鸟类最丰富的国家之一；已记录的海洋生物28 000多种，约占全球海洋已记录物种数的11%；生物遗传资源丰富，是水稻、大豆等重要农作物的起源地，也是世界上家养动物品种最丰富的国家之一。中国生物多样性保护是新时代生态文明建设的重要内容，也是全球生物多样性保护的重要组成部分。

自然保护地是重要的生态安全屏障，也是世界公认的自然保护最有效的手段、自然保护战略的核心，对于保护生物多样性及国家生态安全至关重要。自1956年建立第一个自然保护区——鼎湖山国家级自然保护区以来，我国已建设形成覆盖森林、草地、湿地、海洋、荒漠等各类生态系统，珍稀濒危动植物物种和种质资源，自然遗迹和自然景观等各类自然保护地。但由于过去缺乏自然保护地体系的顶层设计，各类保护地面临重叠设置、边界不清、权责不明、保护与发展矛盾突出等问题。目前，我国正在开展以国家公园为主体的自然保护地体系建设，以解决我国自然保护地的矛盾和问题，确保重要自然生态系统、珍稀濒危物种、自然遗迹和自然景观得到系统性保护，提升生态产品供给能力，维护国家生态安全，为建设美丽中国、实现中华民族永续发展提供生态支撑。

本书系统地介绍了我国生物多样性及其他重要自然资源现状，以及现阶段的自然保护地的建设情况。本书共分为五章：第一章分析了我国生物多样性的特征，主要包括生态系统类型与格局、物种多样性特征与分布、生物遗传资源特征；第二章讨论了我国自然遗迹与自然景观空间分布及保护的关键区域；第三章介绍了我国自然保护地的建设情况，包括自然保护地的类型与管理成效，以及代表性自然保护地的发展现状；第四章总结了我国国家公园体制试点的建设情况及保护成效；第五章介绍了我国的世界遗产、人与生物圈保护区、世界地质公园、国际重要湿地等世界级保护地的发展建设情况。

本书编写过程中，参考和引用了一些学者的成果和部分统计结果，李金利、张路、黄海、张晋东、彭建生，以及国家林业和草原局东北虎豹监测与研究中心、北京师范大学虎豹研究团队、三江源国家公园管理局、海南热带雨林国家公园管理局、神农架国家公园管理局、钱江源国家公园管理局、湖南南山国家公园管理局老师提供了部分照片，在此一并表示感谢。

受作者学识所限，书中可能存在缺漏和错误，敬请有关专家和读者批评指正。

编者

2021 年 5 月

目录

第一章

我国生物多样性特征

一、我国生态系统类型与格局

中国生态系统类型多样，分为陆地与海洋生态系统，而陆地生态系统又包括森林生态系统、灌丛生态系统、草地生态系统、湿地生态系统、荒漠生态系统、农田生态系统与城镇生态系统等（图1.1）。根据《中国植被》与《中国湿地植被》记录，我国自然生态系统中，有森林生态系统240类、灌丛生态系统112类、草地生态系统122类、湿地生态系统145类、荒漠生态系统49类和高山冻原生态系统15类，共计683种类型。

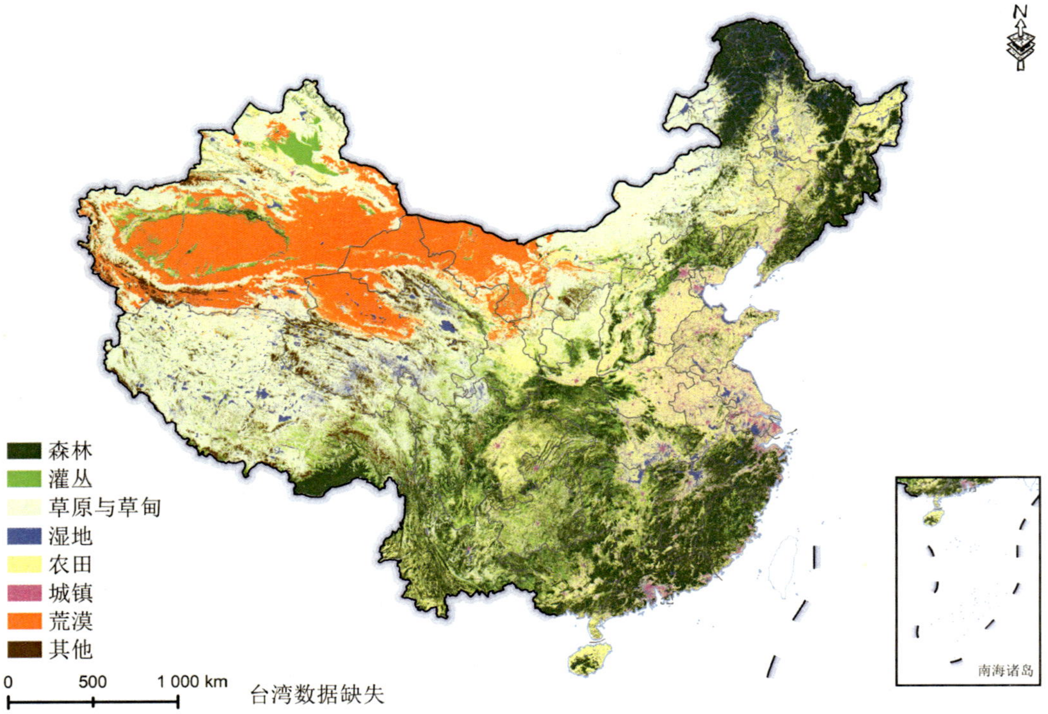

图1.1　中国陆地生态系统分布

（一）森林生态系统

中国森林生态系统可分为针叶林、阔叶林、竹林等类型（图1.2）。针叶林又可分为寒温性针叶林、温性针叶林、温性针阔混交林、暖性针叶林和热性针叶林；阔叶林可进一步细分为落叶阔叶林、常绿落叶阔叶混交林、常绿阔叶林、硬叶常绿阔叶林、季雨林、雨林、珊瑚岛常绿林。森林生态系统主要分布在东北大小兴安岭、秦岭地区、横断山区、云贵高原、南岭、武夷山、海南中部山区等地。

图1.2　森林生态系统（摄影 徐卫华）

（二）灌丛生态系统

灌丛生态系统包括常绿针叶灌丛、常绿革叶灌丛、落叶阔叶灌丛、常绿阔叶灌丛和灌草丛五大类（图1.3），代表性的灌丛生态系统包括高山柏灌丛、亮鳞杜鹃灌丛、雪层杜鹃灌丛、绣线菊灌丛等，主要分布在鄂尔多斯、太行山、秦岭、横断山区、云贵高原、南岭等地。

（三）草地生态系统

草地生态系统主要包括草原生态系统和草甸生态系统等（图1.4），中国的草原生态系统可分为草甸草原、典型草原、荒漠草原和高寒草原四大类，主要分布于内蒙古高原、黄土高原北部、松嫩平原西部、青藏高原中西部地区，以及阿尔泰山、天山、昆仑山等地。草甸生态系统分为典型草甸、高寒草甸、沼泽化草甸和盐生草甸四大类，主要分布在青藏高原东部、北方温带地区的高山和山地，以及平原湿地和海滨。

图1.3　灌丛生态系统（摄影 徐卫华）

图1.4　草地生态系统（摄影 徐卫华）

（四）湿地生态系统

按照《中国湿地植被》的分类，湿地可分为沼泽、浅水植物湿地、红树林、盐沼和海草湿地（图1.5）。其中，沼泽又包括森林沼泽、灌丛沼泽、草丛沼泽和藓类沼泽；盐沼又包括灌丛盐沼和草丛盐沼。湿地生态系统主要分布在东北山地、三江平原、青藏高原东部边缘，以及亚热带湖滩、河滩洼地、河口、沿海滩涂等。

图1.5　湿地生态系统（摄影 徐卫华）

（五）荒漠生态系统

荒漠生态系统是发育在降水稀少、蒸发强烈、极端干旱生境下的稀疏生态系统类型，主要分布在中国的西北部，所占面积约占中国国土面积的1/5，沙漠和戈壁面积超过100万km^2（图1.6）。中国的荒漠可分为四种类型，即小乔木荒漠、灌木荒漠、半灌木和小半灌木荒漠及垫状小半灌木（高寒）荒漠，我国需要重点保护的荒漠生态系统主要分布在西北部的塔里木盆地、准噶尔盆地、腾格里沙漠、昆仑山等地。

图1.6　荒漠生态系统（摄影 徐卫华）

（六）高山冻原生态系统

高山冻原生态系统主要分布在林线以上高山带，由适寒冷植被组成，包括高山冻原、高山垫状植被及高山流石滩等类型，主要分布在长白山、阿尔泰山、青藏高原等地（图1.7）。

图1.7　高山冻原生态系统（摄影 徐卫华）

（七）海洋生态系统

我国由北向南依次分布着渤海、黄海、东海和南海四大海洋生态系统。

1. 渤海生态系统

位于渤海海盆，面积约7.7万km^2，平均水深25 m，盐度仅30‰。表层水温夏季达21 ℃，冬季 0 ℃左右，属于温带海洋。入海河流有辽河—双台子河、海河和黄河，分布有海草床等重要生态系统。

2. 黄海生态系统

位于黄海海盆，面积约38万km^2，平均深度44 m，盐度平均 31‰～32‰。表层水温夏季为25 ℃，冬季为2～8 ℃，属于温带海洋，入海河流主要有鸭绿江，分布有海草床等重要生态系统。

3. 东海生态系统

东海西部为水深不到200 m的陆架，东部是深达2 000多米的冲绳海槽，面积达77万km^2。陆架区平均盐度为31‰～32‰，东部为 34‰。海水温度平均为9.2 ℃，属于亚热带海洋。东海的入海河流主要有长江、钱塘江、瓯江等，东海东部常年受发源于赤道的高温高盐的黑潮暖流影响，分布有海藻场等重要生态系统。

4. 南海生态系统

南海是世界第三大陆架边缘海，面积约356万km^2，平均水深约1 212 m，最深处达5 567 m。南海盐度平均35‰，海水表层水温平均25～28 ℃，年温差小（3～4 ℃），终年高温高湿，属于热带海洋。入海河流主要有珠江、红河、湄公河、湄南河等，南海分布有诸多珊瑚礁生态系统，我国的红树林也主要分布在广东、广西和海南等省沿海地区。

二、我国物种多样性特征与分布

（一）物种多样性概况

中国地域辽阔，地貌类型复杂，横跨多个气候带，孕育了丰富而又独特的生物多样性，是世界上生物多样性最丰富的12个国家之一，根据中国履行《生物多样性公约》第六次国家报告及生物多样性国情研究数据，我国已命名的物种数达115 064种。根据中国生物多样性国情研究数据，中国高等植物种数居世界第三位，仅次于巴西和哥伦比亚，是北半球植物种类最丰富的国家。其中，苔藓植物约占世界总种数的17%，蕨类植物约占世界总种数的16%，裸子植物约占世界总种数的24%，被子植物约占世界总种数的10%。中国有脊椎动物7 300余种，哺乳动物种数为世界第一，也是世界上鸟类最丰富的国家之一。中国已记录到海洋生物28 000多种，约占全球海洋已记录物种数的11%。

（二）重点保护野生动植物

根据国家林业和草原局、农业农村部2021年联合公布的《国家重点保护野生动物名录》，共列入野生动物980种和8类，其中国家一级保护野生动物234种和1类、国家二级保护野生动物746种和7类。上述物种中，陆生野生动物有686种，水生野生动物有294种和8类，大熊猫、金丝猴、藏羚羊、褐马鸡、扬子鳄等数百种动物为中国所特有。根据国务院2021年批准的《国家重点保护野生植物名录》，我国共有国家重点保护野生植物455种和40类。图1.8为我国重要保护物种分布图。

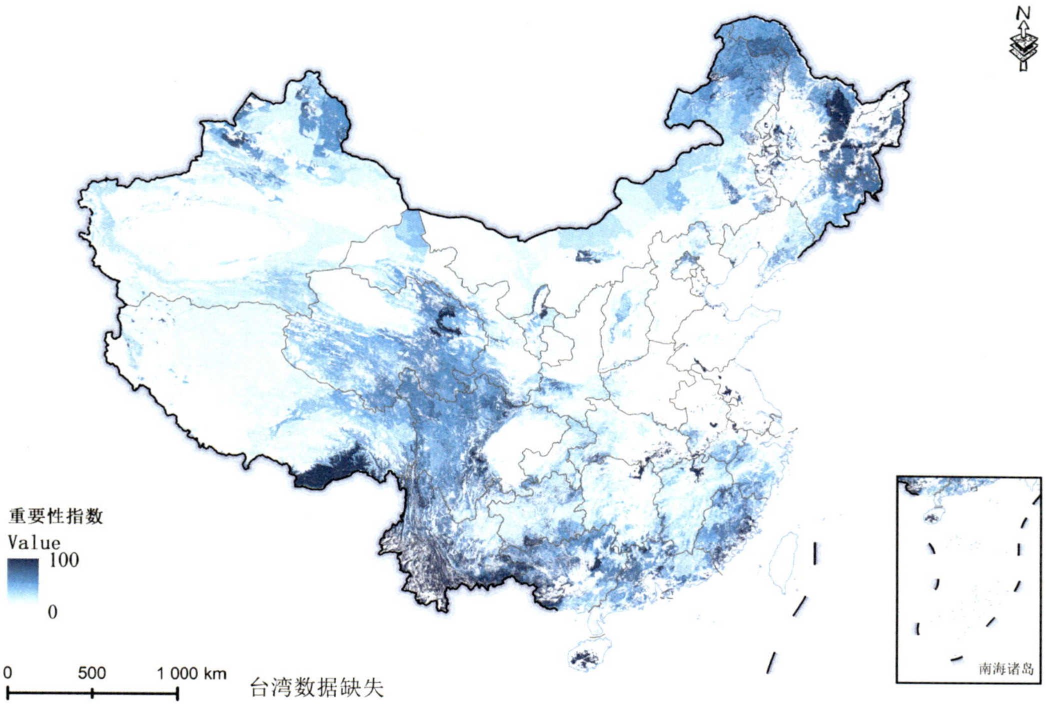

图1.8 我国重要保护物种分布图

1. 野生植物

国家重点保护植物455种和40类，包括银杏等国家一级保护野生植物54种和4类，长白松等国家二级保护野生植物401种和36类，主要分布在华南和西南的大部分地区，集中分布在长白山、秦岭、大巴山、横断山中部和南部、无量山、西双版纳、南岭山地和海南中部山区等。

2. 哺乳动物

重点保护哺乳类物种185种，包括大熊猫、东北虎、滇金丝猴（图1.9）、藏羚羊（图1.10）等国家一级保护野生动物99种，藏狐等国家二级保护野生动物86种，分布范围遍布全国，集中分布在青藏高原和藏南地区，丰富度较高的地区包括东北的大兴安岭、小兴安岭、长白山，西北地区的秦岭中部、祁连山、青海南部，西南地区的藏南地区、岷山、邛崃山、横断山中部，华南地区的黔桂交界山地、南岭和华东地区的武夷山等。

图1.9　滇金丝猴（摄影 张路）

图1.10　藏羚羊（摄影 张路）

3. 鸟类

重点保护鸟类物种394种，包括丹顶鹤等国家一级保护野生动物92种，花尾榛鸡等国家二级保护野生动物302种，主要分布在我国东北、西部地区和华南地区，其中新疆、青海、内蒙古、四川、云南、福建等省（区）的分布范围较大，物种丰富度高的地区包括大兴安岭、小兴安岭、新疆东北部地区、祁连山、青海湖、岷山、邛崃山、高黎贡山南部、无量山、哀牢山、十万大山、南岭、武夷山、海南中部山区等。另外，环渤海、黄海和东海的滨海湿地，是途经中国的三大全球候鸟迁飞路线，特别是东亚—澳大利亚迁飞路线上的重要节点，是鸟类保护的重点区域，具有国际重要意义。

4. 两栖动物

重点保护两栖类物种93种，包括中国小鲵等国家一级保护野生动物7种，版纳鱼螈等国家二级保护野生动物86种，主要分布在我国西南、华南和华东地区，其中云南、贵州、四川、重庆、广西、广东、福建、浙江等省（区、市）的分布范围较大，集中分布在四川盆地周边地区，以及云南南部、南岭山地、武夷山区、长白山等。

5. 爬行动物

重点保护爬行类物种93种1类，包括扬子鳄等国家一级保护野生动物19种，大壁虎等国家二级保护野生动物74种1类，主要分布在我国中部和南部地区，其中云南、贵州、四川、重庆、广西、广东、福建、浙江等省（区、市）的分布范围较大，高物种丰富度地区则集中分布在秦岭、岷山、邛崃山、南岭、皖南山地和武夷山。

三、我国生物遗传资源特征

中国生物遗传资源丰富，是水稻、大豆等重要农作物的起源地，也是野生和栽培果树的主要起源中心。中国有栽培作物1 339种，其野生近缘种达1 930个；经济树种在1 000种以上，果树种类居世界第一，中国原产的观赏植物种类达7 000种。此外，中国还是世界上家养动物品种最丰富的国家之一。

1. 作物遗传资源

中国是世界农业大国，亦是作物种质资源大国。作物按农艺学和用途分类可划分为六大类，即粮食作物、经济作物、蔬菜作物、果树作物、饲用及绿肥作物、花卉作物。中国有栽培作物528类 1 339个栽培种，不仅作物种类多，而且很多都有其野生近缘植物种，全国与农业有关的野生植物多达1万种，其中栽培植物的野生近缘种达1 930个。目前第三次农作物种质资源普查与收集行动正在全国全面实施，据最新资料统计，长期保存的作物种质资源已超过51万份，农作物自主品种占95%以上。

2. 林木遗传资源

中国是林木遗传资源大国，有木本植物8 000多种，占世界的54%，居北半球森林资源的首位，是世界上裸子植物最多的国家，并有众多的特有科属。中国有重要的经济树种1 000种以上，其中主要造林树种300多种。根据主要功能和用途，可将树种分为用材树种、经济树种、防护树种、园林观赏树种和能源树种5类。多年来，各地选育和培育了大量林木优良品种，经国家审定的林木优良品种达4 000多个，审定通过的花卉林木新品种达600多个。

3. 观赏植物种质资源

中国是一个观赏植物资源多样性十分丰富的国家。高等植物逾3万种，许多是北半球其他地区早已灭绝的古老孑遗植物，如银杏、水杉、珙桐等。据不完全统计，中国有直接开发价值的观赏植物1 500种以上，有发展潜力的在1万种以上。中国的花卉栽培历史达数千年，花卉遗传多样性极为丰富，具有变异广泛、品种多样的特点，经历代选育和人工培育，各个重要花卉种都具有大量品种资源，如菊花有3 000多个品种，牡丹有500多个品种，梅花也有300多个品种。

4. 畜禽品种资源

根据农业农村部公布的《国家畜禽遗传资源品种名录（2021年版）》，中国畜禽遗传资源主要有30多个物种，畜禽地方品种、培育品种、引入品种及配套系多达948个，其中地方品种547个，占总数的57.7%。传统牲畜中猪品种达130个，其中地方品种83个；牛、羊品种299个，其中地方品种205个；马、驴、驼品种87个，其中地方品种58个；兔品种35个，其中地方品种8个；家禽（鸡、鸭、鹅、鸽等）品种共346个，其中地方品种185个；特种畜禽中梅花鹿、马鹿、驯鹿等品种共51个，其中地方品种8个。

5. 水产资源

中国拥有种类繁多的水生生物和丰富的水产种质资源，包括鱼类、甲壳类、软体类、两栖类、爬行类及藻类。根据有关资料，中国共有海水鱼、淡水鱼类4 000多种，虾蟹类1 700多种，头足类90多种，贝类约3 700种。已分类描述的纯淡水鱼类资源有1 000多种，其中长江水系有291种，珠江水系271种，黄河水系124种，黑龙江水系97种，台湾81种，青藏高原71种；4个海区的鱼类资源有2 200多种，其中黄海和渤海200多种，东海800多种，南海1 400多种。中国淡水养殖鱼类包括野生驯化种类、地方品种、人工选育的品种和国外引种驯化种类，超过60种；海水养殖种类也超过40种。

第二章

我国自然遗迹与自然景观

一、自然遗迹

（一）我国自然遗迹概况

根据联合国教科文组织1972年颁布的《世界遗产公约》，自然遗迹是自然面貌、地质和自然地理结构，以及包括濒危动植物物种的栖息地和从科学、保护或自然美的角度来说具有价值的自然地点在内的划定区域。自然遗迹包括自然公园和保护区、动物园、水族馆及植物园。1993年颁布的我国现行自然保护区分类标准《自然保护区类型与级别划分原则》（GB/T 14529—1993）中，自然遗迹是指具有特殊意义的地质遗迹和古生物遗迹等。

我国地域广大，涉及不同的大地构造单元和自然地理分区，自然遗迹类型丰富多样。从地质历史上看，中国古老的太古宇地层主要发育在中国华北地区，中国主要的古板块华北板块、扬子板块、塔里木板块和华夏板块等从太古宙到元古宙期间先后形成，从而构成了中国大陆的雏形，在其后6亿多年的地质作用过程中不断变化，并经历了四次大规模的造山运动。从全球板块构造角度来说，我国位于亚欧板块的东南侧，西南部受到印度洋板块向北的挤压，东部太平洋板块向西俯冲，产生了两条具有全球影响的火山地震带：地中海—喜马拉雅火山地震带和环太平洋火山地震带。在这样的地质背景之下，形成了我国总体上西高东低、大致呈三阶梯状分布的地形格架，包含高原、山地、丘陵、盆地、平原五种地形。气候上，由于我国大陆面积经度跨度超过60°，纬度跨度也超过了30°，形成了多种多样的气候分区。正是由于上述这些复杂的地质、地形和气候等条件，我国各地形成了现如今类型繁多的自然遗迹，包括各种岩溶、火山、冰川、海蚀、丹霞、雅丹、花岗岩奇峰等奇特的地质地貌景观，典型连续的地质、地层剖面和构造形迹，以及丰富多样的古生物化石遗迹等。

（二）我国自然遗迹分布特征

据初步统计，全国各类地质遗迹1 800余处，包括基础地质、地貌景观和地质灾害三大类，其中基础地质700多处，地貌景观1 000多处，地质灾害近40处，三者在分布上略有不同（图2.1）。基础地质大类有三个相对集中的分布区，分别是太行山、横断山和秦岭—大别山三个分布区，这些山脉都是大型构造运动的产物，形成了大量重要的地质现象，基础地质类的自然遗迹数量较多。地貌景观自然遗迹在我国北方也以太行山脉一带最为集中。与基础地质大类不同的是，在我国南方地貌景观数量较多，除了如横断山脉所形成的岩石体地貌外，还广泛分布喀斯特地貌、雅丹地貌（图2.2）和丹霞地貌（图2.3），以及河流和湖泊等地貌景观。地质灾害自然遗迹数量较少，不具有明显的分布规律，可能与保护程度较低有关系。

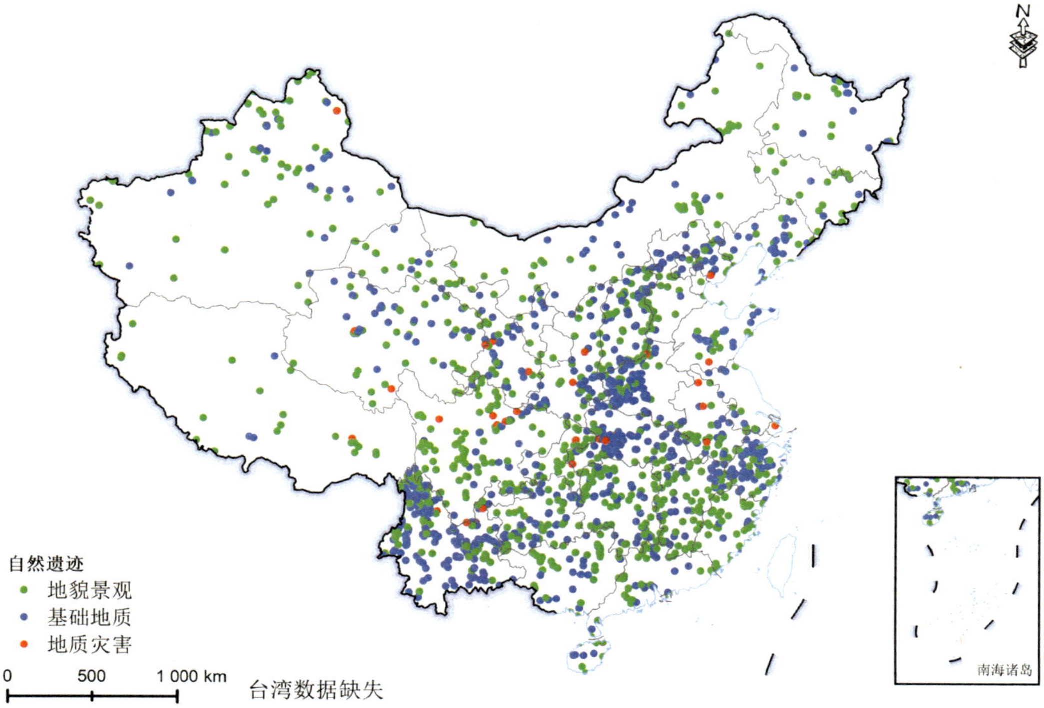

图2.1　我国自然遗迹类型分布图

图2.2　雅丹地貌（摄影 徐卫华）

图2.3　丹霞地貌（摄影 徐卫华）

（三）我国自然遗迹保护关键区域

依据重点保护自然遗迹的重要性等级及分布特点，我国自然遗迹保护关键区主要包括北京西山、五台山、长白山、五大连池、黄山、庐山、中国丹霞、泰山、伏牛山、南太行山、长江三峡、香格里拉、南方喀斯特、梵净山、昆仑山、东天山、阿尔泰山、武夷山、九寨沟。这些关键区域的自然遗迹通常能为地球演化史上全球性重大地质事件提供重要地质证据，能为生命演化史上关键生命演化事件提供重要地质证据，或者在地球和生命演化过程中形成罕见的、美丽的地质地貌自然景观。

二、自然景观

（一）我国自然景观概况

我国地域辽阔，自然景观丰富而珍贵，是区域和国家的形象代表，也是世界自然景观和自然遗产的重要组成部分。中国作为世界遗产总数第一的国家，所具有的珍贵的自然景观，不论是在数量上还是在质量上，都占据了重要地位——目前全国具有保护价值的重要自然景观有3 000多处，其中包括55处世界遗产、34处世界生物圈保护区、39处世界地质公园。

根据我国自然景观特征，将其划分为地文景观、水文景观、生物景观和天象景观4类（表2-1），其中，地文景观是受地球内力和外力作用而形成的地形、地貌、地质遗迹等景观，主要包括山岳、沙漠、峡谷、丹霞、喀斯特、地质遗迹、海岸与海岛、火山等；水文景观是水体在地质、地貌、气候、生物等因素影响下形成的水域风光，主要包括河流湿地、湖泊湿地、瀑布、沼泽湿地等；生物景观是以野生动物、植物及其栖息地作为风景资源的景观，主要包括森林、草原草甸、珍稀动植物及其栖息地等；天象景观是由不同地区的气候资源与特殊天气现象结合其他类型景观而构成的景观资源，主要包括日月星光、云雾冰雪等（图2.4）。

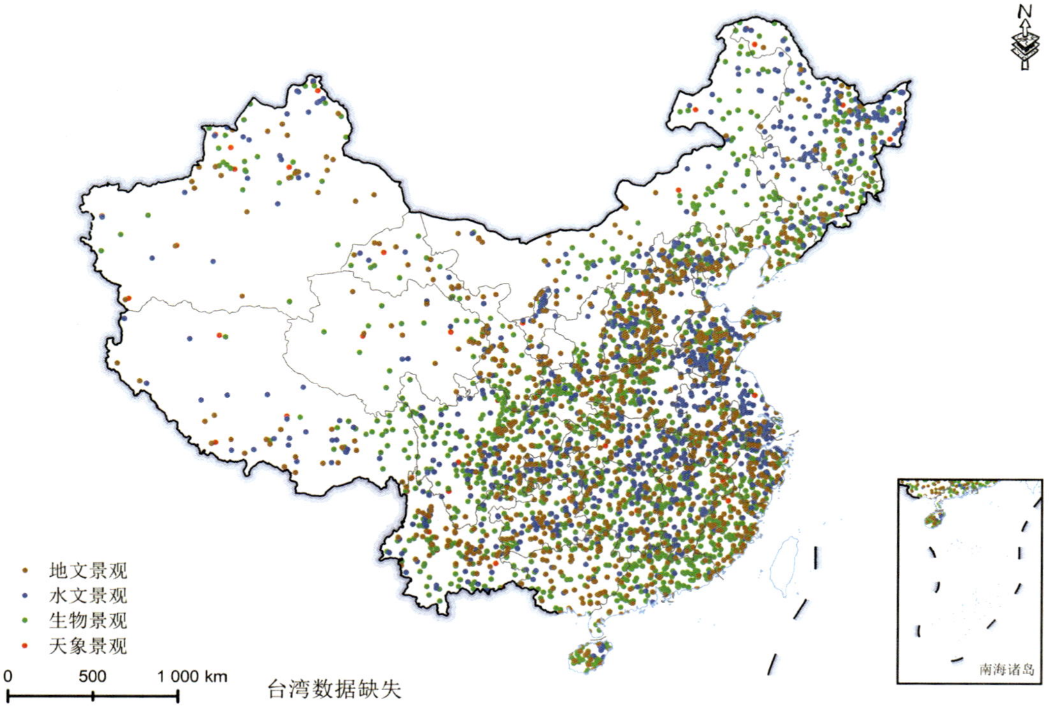

图2.4　我国自然景观等级分布图

表 2-1　自然景观分类

类型	内容（举例）
地文景观	山岳（泰山）、沙漠（阿拉善沙漠）、峡谷（雅鲁藏布江大峡谷）、丹霞（丹霞山）、喀斯特（漓江山水）、地质遗迹（天津蓟州区地质遗迹）、海岸与海岛（涠洲岛）、火山（五大连池火山群）等
水文景观	河流湿地（三江并流）、湖泊湿地（青海湖）、瀑布（黄果树瀑布）、沼泽湿地（若尔盖湿地）等
生物景观	森林（大兴安岭兴安落叶松）、草原草甸（呼伦贝尔草原）、珍稀动植物及其栖息地（卧龙大熊猫栖息地）等
天象景观	日月星光（峨眉山佛光）、云雾冰雪（黄山云海）等

（二）我国自然景观分布特征

1. 地文景观

地文景观主要包括山岳、沙漠、峡谷、丹霞、喀斯特、火山、地质遗迹、海岸与海岛等，其中山岳景观（图2.5）依托于我国主要山脉而存在，沙漠景观主要分布于我国西北干旱半干旱地区，峡谷景观主要依托于大型山脉和河流，丹霞景观（图2.6）主要分布于东南沿海、中南地区和部分西北地区，喀斯特景观集中分布于我国西南地区如广西、贵州、云南、重庆等地，火山景观主要分布在黑龙江、吉林、云南、海南等地，地质遗迹景观还包括古生物遗迹和典型地貌，分布较为分散，海岸与海岛分布于我国东南沿海地区。

图2.5　山岳景观（摄影 杜傲）

图2.6 丹霞景观（摄影 杜傲）

2. 水文景观

水文景观主要包括河湖湿地、沼泽湿地、瀑布等（图2.7）。河湖湿地景观多依托我国重要水系，分布于河流源头及沿线地区；东北地区火山口湖景观，主要分布于黑龙江、吉林。沼泽湿地景观主要包括东部沿海滩涂湿地景观、东北地区森林沼泽湿地景观。此外，水文景观还包括西北地区荒漠绿洲湿地景观、西南地区高寒草甸湿地景观、青藏高原盐湖景观、西南喀斯特地区瀑布景观等。

3. 生物景观

生物景观主要包括森林、草原草甸、珍稀动植物及其栖息地等（图2.8），其中森林景观主要为东北和南方地区代表性森林生态系统及独特的森林景观；草原草甸景观主要分布于内蒙古高原、青藏高原、天山腹地等地区；珍稀动植物及其栖息地景观主要分布于秦岭中部、青藏高原、横断山区、长江中下游平原和东北地区等。

图2.7　瀑布景观（摄影 徐卫华）

图2.8　森林景观（摄影 李金利）

4. 天象景观

天象景观主要包括日月星光和云雾冰雪等。其中，日月星光景观主要有日出日落、佛光、极光、星光景观等，如泰山日出、峨眉山佛光、大兴安岭极光、博斯腾湖星光等；云雾冰雪景观主要有云雾、冰雪景观等，如黄山云海、庐山瀑布云、大兴安岭北极村冰雪景观等。

（三）我国自然景观保护关键区域

我国自然景观需要重点保护的区域以西部地区较为集中，其中西南地区以山岳、动植物栖息地、高原湖泊、沼泽湿地、峡谷等为主，包括喜马拉雅山、大熊猫栖息地、青海湖、若尔盖湿地、三江并流区等。西北地区以山岳、荒漠等为主，包括天山、祁连山、库木塔格沙漠、阿拉善沙漠等。东北地区以山岳、森林、草原和湿地景观为主，主要有长白山、大兴安岭原始林、呼伦贝尔草原、小兴安岭沼泽湿地等。中部和东部地区面积较小，以山岳、湿地和喀斯特、丹霞等独特的地貌景观为主，包括神农架、鄱阳湖、苏北滨海湿地、桂林漓江山水、武夷山等。

第三章

我国自然保护地建设

自然保护地体系是最重要的生态安全屏障，是全球和世界各国自然保护战略的核心，也是世界公认的最有效的自然保护手段，对于保护生物多样性及国家生态安全至关重要。

一、自然保护地的类型

据不完全统计，截至2020年年底，我国有国家公园、自然保护区与自然公园三大类自然保护地，总数量（不含港、澳、台）超过10 000个，总面积占陆地面积的18%以上（图3.1）。此外，我国还建立了种质资源保护地等其他各类保护地，对于生物多样性保护发挥了重要作用。

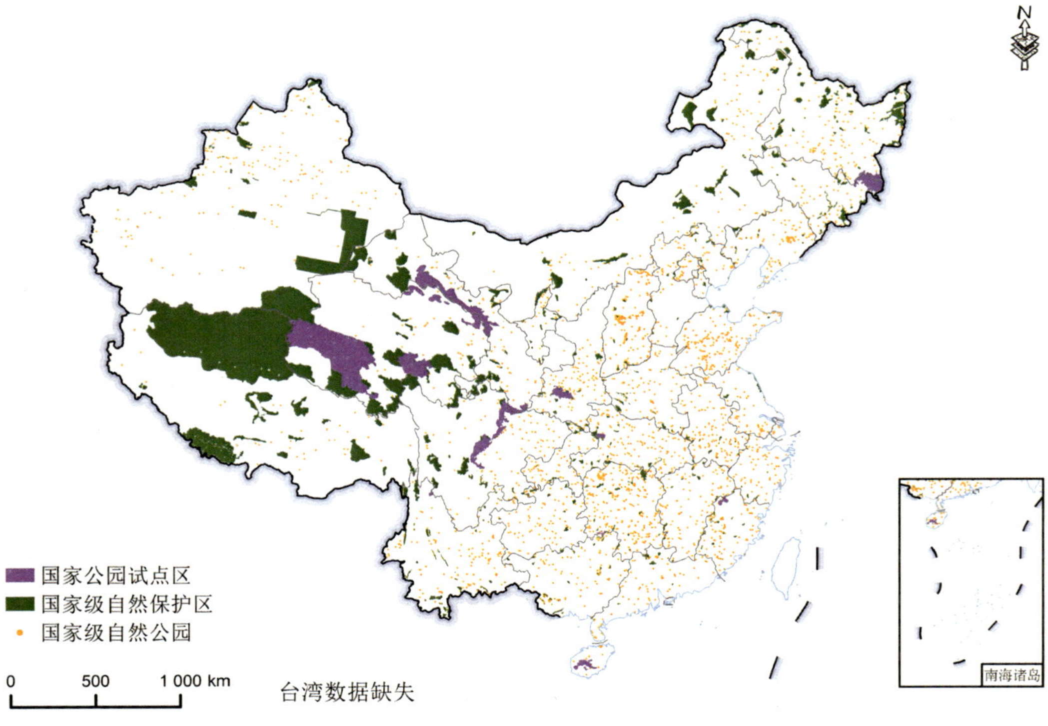

图3.1　中国主要自然保护地空间分布

（一）国家公园

国家公园是指以保护具有国家代表性的自然生态系统为主要目的、实现自然资源科学保护和合理利用的特定陆域或海域，是我国自然生态系统中最重要、自然景观最独特、自然遗产最精华、生物多样性最富集的部分。其保护范围大，生态过程完整，具有全球价值、国家象征，国民认同度高。目前我国正在开展的国家公园体制试点区有10处，包括东北虎豹、祁连山、大熊猫、三江源、海南热带雨林、武夷山、神农架、普达措、钱江源和南山，涉及青海、吉林、海南等12个省份，总面积约22万km^2，占陆域国土面积的2.3%。

（二）自然保护区

自然保护区是指对有代表性的自然生态系统、珍稀濒危野生动植物物种的天然集中分布区、有特殊意义的自然遗迹等保护对象所在的陆地、陆地水体或者海域，依法划出一定面积予以特殊保护和管理的区域。自然保护区具有较大面积，确保主要保护对象的安全，维持和恢复珍稀濒危野生动植物的种群数量及其赖以生存的栖息环境。目前我国自然保护区2 570处，约占陆域国土面积的15%。

（三）自然公园

自然公园是自然保护地的一种类型，用来保护重要的自然生态系统、自然遗迹和自然景观，具有生态、观赏、文化和科学价值并可持续利用的区域。其可确保森林、海洋、湿地、水域、冰川、草原、生物等珍贵自然资源，以及所承载的景观、地质地貌和文化多样性得到有效保护，包括森林公园、地质公园、海洋公园、湿地公园等各类自然公园。

1. 风景名胜区

我国自1982年设立第一批国家重点风景名胜区以来，到目前为止，共建立风景名胜区1 051处，其中国家级风景名胜区244处，省级风景名胜区807处，全国风景名胜区面积约占国土总面积的2.2%。根据《风景名胜区条例》（国务院，2006）规定，风景名胜区是指具有观赏、文化或者科学价值，自然景观、人文景观比较集中，环境优美，可供人们游览或者进行科学、文化活动的区域。自然景观和人文景观能够反映重要自然变化过程和重大历史文化发展过程，基本处于自然状态或者保持历史原貌。

2. 森林公园

我国自1982年设立第一个国家森林公园以来，到目前为止，共建立森林公园3 000余处，其中国家级森林公园900余处，全国森林公园面积约占国土总面积的2.0%。根据《森林公园管理办法》（国家林业局，1993）和《国家级森林公园管理办法》（国家林业局，2011）规定，森林公园是指森林景观优美，自然景观和人文景物集中，具有一定规模，可供人们游览、休息或进行科学、文化、教育活动的场所；国家级森林公园必须具备森林景观特别优美，人文景物比较集中，观赏、科学、文化价值高，地理位置特殊，具有一定的区域代表性，旅游服务设施齐全，有较高的知名度等条件。国家森林公园的主体功能是保护森林风景资源和生物多样性、普及生态文化知识、开展森林生态旅游。

3. 草原公园

2020年8月，我国首批国家草原自然公园试点正式建立。草原自然公园是指具有较为典型的草原生态系统特征、有较高的保护和合理利用示范价值，以保护草原生态和合理科学利用草原资源为主要目的，开展生态保护、生态旅游、科研监测和文化宣传等活动的特定区域。国家草原自然公园建设条件包括所在区域的草原生态系统具有典型性和代表性，生态地位重要，或草原生物多样性丰富，或生物物种独特，或草原主体功能及合理利用具有示范性。同时，面积原则上不低于500 hm^2，国家草原自然公园试点中草地面积一般应占公园总面积的80%以上；土地所有权、使用权权属无争议，四至清晰，相关权利人同意建设国家草原自然公园；自然景观优美或者具有较高历史文化价值；具有重要或者特殊科学研究、自然教育价值；所在位置交通方便，具有通达性。

4. 湿地公园

我国自2005年设立第一个湿地公园以来，到目前为止，共建立湿地公园1 600多处，其中国家湿地公园近900处，全国湿地公园面积约占国土总面积的0.4%。根据《国家湿地公园管理办法（试行）》（国家林业局，2010）规定，湿地公园是指以保护湿地生态系统、合理利用湿地资源为目的，可供开展湿地保护、恢复、宣传、教育、科研、监测、生态旅游等活动的特定区域。国家湿地公园的建立需具备下列条件：一是湿地生态系统在全国或者区域范围内具有典型性，或者区域地位重要，湿地主体功能具有示范性，或者湿地生物多样性丰富，或者生物物种独特。二是自然景观优美和（或）具有较高历史文化价值。三是具有重要或者特殊科学研究、宣传教育价值。

5. 地质公园

我国自2001年设立第一批国家地质公园以来，到目前为止，共建立地质公园600余处，其中国家地质公园200多处，全国地质公园面积约占国土面积的0.8%。根据《地质遗迹保护管理规定》（地质矿产部，1995）和《国家地质公园规划编制技术要求》（国土资源部，2010）规定，国家地质公园是以具有国家级特殊地质科学意义、较高的美学观赏价值的地质遗迹为主体，并融合其他自然景观与人文景观而构成的一种独特的自然区域。对具有国际、国内和区域性典型意义的地质遗迹，可建立国家级、省级、县级地质遗迹保护区、地质遗迹保护段、地质遗迹保护点或地质公园。地质公园的建设目的主要是保护地质遗迹，保护自然环境；同时普及地球科学知识，促进公众科学素质提高；还包括开展旅游活动，促进地方经济与社会可持续发展。

6. 沙漠公园

自2013年国家林业局批准同意设立宁夏沙坡头国家沙漠公园以来，到目前为止，已设立沙漠公园120处。根据《国家沙漠公园试点建设管理办法》（国家林业局，2013）和《国家沙漠公园发展规划（2016—2025年）》（国家林业局，2016）规定，沙漠公园是以沙漠景观为主体，以保护荒漠生态系统为目的，在促进防沙治沙和保护生态功能的基础上，合理利用沙区资源，开展公众游憩、旅游休闲和进行科学、文化、宣传和教育活动的特定区域。沙漠公园是为了保护荒漠生态系统的完整性划定的，需要特殊保护和管理，并适度利用其自然景观，开展生态教育、科学研究和生态旅游的自然区域，它既强调了保护的根本属性，也不排斥适度的利用，较好地处理了自然生态保护和资源合理利用的矛盾。

7. 海洋公园

我国自2011年设立第一批国家海洋公园以来，到目前为止，共批准设立六批共49处国家海洋公园。根据《海洋特别保护区管理办法》（国家海洋局，2005）规定，海洋特别保护区分为海洋特殊地理条件保护区、海洋生态保护区、海洋公园、海洋资源保护区等类型。其中，包括为保护海洋生态与历史文化价值，发挥其生态旅游功能，在特殊海洋生态景观、历史文化遗迹、独特地质地貌景观及其周边海域建立海洋公园。

（四）种质资源保护地

农业部为了保护各类农业种质资源，建立了种质资源原位保护区和水产种质资源保护区。

1. 农作物种质资源保护区

根据《农作物种质资源管理办法》（农业部，2003）规定，农作物种质资源保存实行原生境保存和非原生境保存相结合的制度。原生境保存包括建立农作物种质资源保护区和保护地，在重要农作物野生种及野生近缘植物原生地及其他农业野生资源富集区建立种质资源保护区，禁止采集或采伐列入国家重点保护野生植物名录的野生种、野生近缘种、濒危稀有种，以及保护区、保护地、种质圃内的农作物种质资源。

2. 水产种质资源保护区

根据农业部《水产种质资源保护区管理暂行办法》（农业部，2010）规定，水产种质资源保护区是指为保护水产种质资源及其生存环境，在具有较高经济价值和遗传育种价值的水产种质资源的主要生长繁育区域，依法划定并予以特殊保护和管理的水域、滩涂及其毗邻的岛礁、陆域。水产种质资源保护区的建立需具备下列条件：国家和地方规定的重点保护水生生物物种的主要生长繁育区域；我国特有或者地方特有水产种质资源的主要生长繁育区域；重要水产养殖对象的原种、苗种的主要天然生长繁育区域；其他具有较高经济价值和遗传育种价值的水产种质资源的主要生长繁育区域。

（五）生态功能保护地

除上述自然保护地以外，其他具有重要水源涵养、水土保持、防风固沙、海岸防护等生态系统服务功能的区域可归类为生态功能保护地，这些区域在保障生态系统产品与服务的持续供给、防止和减轻自然灾害、保障国家和地方生态安全中发挥重要作用。如水源保护地、保护地以外的生态保护红线区等都是重要生态功能保护地。

（六）社区保护地

社区保护地是指社区群众在历史上或当前现实中对于自然资源采取自我约束或排斥性干预活动的区域，下面以文化林为例进行说明。

文化林是指村民按照文化传统、风俗习惯或宗教信仰自觉保护管理的森林。它具有一定社会文化功能，多数分布在我国农村地区，坐落在村子周围。农村景观中的文化林不是独立存在的，而是在一定区域内，面积不同、形状各异的天然林景观在数量和空间上的组合，构成了一种以村民自觉保护影响下的自然保护体系——文化林保护体系。

文化林的保护方式以多样化的村规民约来体现，并以强烈的民间自觉参与性为特色。文化林经历了几十、几百年的传承，形成了农村地区小面积的森林保护单元，促进了村社及区域生态环境的保护和改善。

二、自然保护地管理

（一）自然保护地管理定义及内涵

自然保护地管理是保护生态环境和生物多样性的有效措施，是设立生态屏障、维护国土生态安全的重要手段，但是由于历史遗留问题多、法律不健全、监管能力薄弱、缺乏自然保护地的顶层设计等原因，各类自然保护地管理违法违规问题尚未得到根本解决，依旧存在保护管理定位模糊、管理机构多头设置、主要自然资源权责不明、保护地边界不明、保护与发展之间矛盾突出等问题。长期以来，我国保护地基本上实行的是“抢救式保护”策略，缺乏顶层设计和整体规划，原有的保护地的建设与管理已跟不上新时代我国加快推进生态文明建设的步伐。

党的十八大以来，以习近平同志为核心的党中央高度重视生态文明建设，对生态保护做出了一系列重要决策部署。党的十九大进一步明确指出，构建国土空间开发保护制度，完善主体功能区配套政策，建立以国家公园为主体的自然保护地体系。为贯彻落实中央关于加强生态文明建设的决定，应从我国自然保护地存在的现实问题出发，围绕统一行使全民所有自然资源资产所有者职责、统一行使所有国土空间用途管制和生态保护修复职责，强化自然保护地可持续管理的顶层设计，增进人类福祉，推进人与自然和谐发展。

（二）自然保护地管理目标

自然保护地管理要按照山水林田湖草沙是一个生命共同体的理念，创新自然保护地管理体制机制，实施自然保护地统一设置、分类保护、分级管理、分区管控，形成以国家公园为主体、自然保护区为基础、各类自然公园为补充的具有中国特色的自然保护地体系，更好地维护自然生态系统健康稳定，可持续地提供优质生态产品和服务。守护自然生态，保育自然资源，保护生物多样性与地质地貌景观多样性，维护自然生态系统健康稳定，提高生态系统服务功能；服务社会，为人民提供优质生态产品，为全社会提供科研、教育、体验、游憩等公共服务；维持人与自然和谐共生并永续发展。

（三）自然保护地管理内容与任务

1. 分级统筹管理

根据生态系统的重要性，国家公园和其他自然保护地分为三类：中央政府直接管理、中央与地方共同管理和地方管理。各类自然保护区要理顺现有管理职能，落实自然保护区的政策、制度和标准，实行全过程统一管理，建立统一的调查监测体系，建设智慧型自然保护地，制定以生态资产价值和生态服务价值为核心的评价指标体系和方法。

2. 自然保护地建设

自然保护地建设主要包括：按区域、分类修复受损自然生态系统；建设生态廊道，恢复重要物种栖息地；加强野外保护站等保护管理设施建设，加强公路巡线网、监控、抢险救灾、森林草原防火、病虫害防治、疫病防治，运用高科技手段和方法，利用现代化设备，推进自然保护、巡线监测的信息化、智能化，配置管理团队的技术装备，逐步实现管理标准化。

3. 处理原住居民、企业工矿等历史遗留问题

对自然保护地进行科学评估，将保护价值低的建制城镇、村屯或人口密

集区域、社区民生设施等调整出自然保护地范围，结合乡村振兴的相关政策，核心保护区内原住居民应实施有序搬迁，对暂时不能搬迁的，可以设立过渡期，允许开展必要的、基本的生产活动，但不能再扩大发展。依法清理整治探矿采矿、水电开发、工业建设等项目，通过分类处置方式有序退出；根据历史沿革与保护需要，依法依规对自然保护地内的耕地实施退田还林还草还湖还湿。

4. 自然资源资产管理

依法界定各类自然资源资产产权主体的权利和义务，保护原住居民权益，实现各产权主体共建保护地，共享资源收益。对划入各类自然保护地内的集体所有土地及其附属资源，按照依法、自愿、有偿的原则，探索通过租赁、置换、赎买、合作等方式维护产权人权益，实现多元化保护。

5. 管控处理违法违规事件

建立监测体系，对自然保护地内基础设施建设、矿产资源开发等人类活动实施全面监控；加强评估考核，适时将评价考核结果纳入生态文明建设目标评价考核体系，作为党政领导班子和领导干部综合评价及责任追究、离任审计的重要参考；严格执法监督，对造成自然保护地生态系统和资源环境受到损害的部门、地方、单位和有关责任人员严肃追责问责，涉嫌犯罪的移送司法机关处理，强化地方政府和管理机构的主体责任。

6. 控制人为活动干扰

国家公园和自然保护区实行分区管控，原则上核心保护区内禁止人为活动，一般控制区内限制人为活动。自然公园原则上按一般控制区管理，限制人为活动。

7. 社会参与

制定自然保护地控制区经营性项目特许经营管理办法，建立健全特许经营制度，鼓励原住居民参与特许经营活动，探索自然资源所有者参与特许经营收益分配机制。推行参与式社区管理，按照生态保护需求设立生态管护岗位并优先安排原住居民。

8. 科研宣教管理

多年来我国在生物多样性调查、监测、评估方面开展了重要的基础工作，组织相关部门和科研院所实施了全国重点生物物种资源调查项目、生物多样性本底调查示范项目及全国生物多样性优先区县域生物多样性调查与评估项目，农业、林业、海洋、中医药等部门都相继系统地开展了全国范围的生物多样性和生物资源的调查、评估与监测研究。

三、代表性自然保护地介绍

根据生态系统、保护物种、自然景观的代表性及地理区位的差异性，选取吉林长白山国家级自然保护区、黑龙江扎龙国家级自然保护区、山东黄河三角洲国家级自然保护区等自然保护区，以及安徽黄山国家级风景名胜区、张家界国家森林公园、广东丹霞山国家地质公园等16处代表性自然保护地进行介绍。保护地有关资料主要来自各保护地官方网站、地方林草局网站和相关文献。

（一）吉林长白山国家级自然保护区

吉林长白山国家级自然保护区位于吉林省东南部，地跨延边朝鲜族自治州的安图县和白山市的抚松县、长白县，东南与朝鲜民主主义人民共和国毗邻，总面积1 965 km^2（图3.2）。由于海拔高差变化大，呈现出明显的山地垂直分布带谱，在垂直高差2 000 m以上、水平距离50 km的范围内，浓缩了从北半球温带到北极圈2 000 km的生态景观和植物类型，云集了相当于北半球温带、中温带、寒温带、寒带甚至极地的多种气候和生物群落类型。据统计，长白山自然保护区内已发现有长白松、草苁蓉、狭叶瓶尔小草和岩高兰

图3.2　长白山国家级自然保护区（摄影 徐卫华）

等珍稀濒危植物57种，有梅花鹿、马鹿、原麝、紫貂和红点鲑等珍稀濒危动物79种。长白山是松花江、鸭绿江、图们江的三江之源，素有“中华水塔”的美誉，是东北“大粮仓”的根基和气候变化的调节器，在涵养水源、保持水土、降低温室效应、阻挡来自日本海的台风等生态干扰等方面发挥着极其重要的作用。

（二）黑龙江扎龙国家级自然保护区

黑龙江扎龙国家级自然保护区位于黑龙江省西部、齐齐哈尔市东南部松嫩平原及乌裕尔河下游湖沼苇草地带，由一大片永久性和季节性淡水沼泽地和无数小型浅水湖泊组成，总面积约2 100 km²，是我国北方同纬度地区保留最完整、最原始、最开阔的湿地生态系统。扎龙以保护野生丹顶鹤、白鹤、白头鹤等珍稀水禽为主要目的，是我国首批加入国际重要湿地名录的自然保护区。具有大量珍贵、稀有野生动植物资源，高等植物468种，鱼类46种，两栖爬行类6种，兽类21种。区内有国家级保护鸟类共41种，包括丹顶鹤等国家一级保护鸟类8种，蓑羽鹤等国家二级保护鸟类33种，拥有全世界共15种鹤类中的6种，其中以丹顶鹤尤为珍稀，全世界野生丹顶鹤数量约仅有2 000只，而扎龙自然保护区就拥有400多只的野生繁殖种群。扎龙自然保护区保存了完整的湿地生态系统和野生生物特有的遗传性，是我国重要的天然基因库之一，同时也是东北亚候鸟迁徙站和最重要的繁殖中心之一。

（三）山东黄河三角洲国家级自然保护区

山东黄河三角洲国家级自然保护区地处渤海之滨，东营市境内，新、老黄河入海口两侧，总面积1 530 km²（其中各类湿地面积1 131 km²，占总面积的74%），是以保护黄河口新生湿地生态系统和珍稀濒危鸟类为主体的湿地类型自然保护区。保护区内野生动植物资源丰富。共有野生动物1 627种，其中鸟类368种，国家一级保护鸟类有丹顶鹤、白头鹤、白鹤、大鸨、东方白鹳等12种，国家二级保护鸟类有灰鹤、大天鹅、鸳鸯等51种，每年春、秋候鸟迁徙季节，数百万只鸟在这里栖息，成为东北亚内陆和环西太平洋鸟类迁徙重要的中转站、越冬栖息地和繁殖地；植物685种，盐地碱蓬、柽柳和罗布麻在自然保护区内广泛分布，芦苇集中分布面积达40万亩，国家二级重点保护植物野大豆集中分布面积达6.5万亩，区内自然植被覆盖率达55.1%，是中国沿海最大的新生湿地自然植被区。

（四）上海崇明东滩鸟类国家级自然保护区

上海崇明东滩鸟类国家级自然保护区位于中国第三大岛崇明岛的最东端，处于长江核心部位，总面积242 km^2，是以鸻鹬类、雁鸭类、鹭类、鸥类、鹤类等五大类迁徙鸟类为代表，以河口湿地生态系统为主要保护对象的自然保护区。每年在保护区栖息和过境的候鸟数量达百万只，是中国水鸟的重要中途停歇地和越冬地。区内有鸟类300余种，其中国家重点保护鸟类有东方白鹳、中华秋沙鸭、白琵鹭、黑脸琵鹭、鸳鸯等。作为中国规模最大、最为典型的河口型潮汐滩涂湿地之一，东滩自然保护区在东北亚鹤类迁徙网络、东亚雁鸭类迁徙网络和东亚—澳大利亚涉禽迁徙网络中占有十分重要的地位，被列入《国际重要湿地名录》，对于新生河口沙洲湿地保育、迁徙鸟类保护及我国履行国际湿地公约和树立良好国际形象方面具有十分重要的意义。

（五）江苏盐城湿地珍禽国家级自然保护区

江苏盐城湿地珍禽国家级自然保护区位于江苏省中部，临近黄海，总面积2 473 km^2，包含盐城市下辖的沿海6个县（市、区）的滨海湿地，主要保护丹顶鹤等珍稀野生动物及其赖以生存的沿海滩涂。盐城国家级珍禽自然保护区是中国最大的沿海滩涂湿地保护区，也是中国优先保护的 35 个生物多样性关键地区之一，为青头潜鸭、白鹤、丹顶鹤、黑脸琵鹭等世界珍稀濒危物种提供了重要的栖息地。保护区兼具陆地与海洋的“双重”属性，淤积淤长型海岸带、丰富多样的滩涂湿地生态系统，孕育着异常丰富的生物多样性资源。区内有动植物2 600余种，其中国家一级保护野生动物14种，国家二级保护野生动物85种；记录的402种鸟类中有丹顶鹤、白头鹤、东方白鹳等国家一级保护鸟类11种，国家二级保护鸟类69种。独特的地理位置使其成为南北半球候鸟迁徙的重要驿站，每年有近300万只候鸟迁徙中途栖息此地，季节性居留和常年居留的鸟类达50多万只，也是全球最大的丹顶鹤越冬地。

（六）浙江天目山国家级自然保护区

天目山国家级自然保护区位于浙江省西北部杭州市临安区，地处中亚热带北缘，植物种类丰富、区系起源古老、孑遗植物多、成分复杂、特有植物和珍稀植物多，是一个以保护生物多样性和森林生态系统为重点的野生植物类型自然保护区，总面积4 284 hm^2。森林覆盖率高达98.2%，有高等植物2 351种，野生动物5 024种，以及其他珍稀的真菌、地衣等低等植物群落，其中以“天目”命名的生物有172 种，被誉为“天然植物园”、世界模式标本产地。天目山是“大树王国”，森林植被以“高、大、古、稀”称绝，拥有高达58 m的金钱松、全球最大的古柳杉群落及12 000 年的“活化石”古银杏等；古树名木资源异常丰富，在地理分布上具有多样性和集中性的特点，还衍生了独具特色的树文化，在古树名木基因保护工程中占有重要地位。

（七）九寨沟国家级自然保护区

九寨沟国家级自然保护区位于四川省阿坝藏族羌族自治州九寨沟县境内，总面积643 km^2，也是中国著名风景名胜区和全国文明风景旅游区示范点，被联合国教科文组织列入《世界自然遗产名录》，入选“世界人与生物圈保护网络”，并获得“绿色环球21”荣誉证书。保护区地处动物地理分布的古北界与东洋界的过渡地带，森林覆盖率超过80%，植被垂直地带性分布规律明显，依次分布着温性针叶林带、针阔混交林带、寒温性针叶林带、高山灌丛草甸、流石滩植被。具有生物多样性丰富、物种珍稀性突出的特点，如有熊猫、川金丝猴等国家重点保护动物18种，红松等国家重点保护野生植物74种。九寨沟以高山湖泊群、瀑布、彩林、雪峰、蓝冰和藏族风情并称“九寨沟六绝”，被世人誉为“童话世界”，号称“水景之王”；其地质遗迹钙化湖泊、滩流、瀑布景观、岩溶水系统广布，具有极高的生态保护、科学研究和美学旅游价值。

（八）江西鄱阳湖国家级自然保护区

江西鄱阳湖国家级自然保护区地处长江中下游南岸、我国最大的淡水湖鄱阳湖的西北角，总面积224 km^2，是保护以白鹤、东方白鹳等珍稀鸟类为主的越冬水禽及湿地生态系统。鄱阳湖是中国第一大淡水湖，是亚洲最大的候鸟越冬地和长江江豚等珍稀濒危物种赖以生存且为数不多的重要栖息地，越冬候鸟的种类多、数量大，尤其是珍稀、濒危鸟类，列入IUCN濒危物种红皮书易危以上级别的候鸟有23种，被国际公认为“珍禽王国”和“候鸟乐园”。每年在此栖息的珍稀鸟类白鹤最高数量达4 000余只，东方白鹳最高数量达2 800余只，分别占其全球总数量的98%和95%以上。在全球湿地和生物多样性保护领域，鄱阳湖湿地均扮演着不可替代的角色。

（九）贵州茂兰国家级自然保护区

贵州茂兰国家级自然保护区位于贵州省黔南布依族苗族自治州荔波县境内，地处中亚热带季风湿润气候区，为典型的喀斯特峰丛漏斗和峰丛洼地地貌，总面积213 km^2。区内居住着布依族、水族、苗族、瑶族、毛南族、汉族等民族群众11 000余人，少数民族人口占总人口的89%。各民族历经世代繁衍，日月更替，在漫长的历史发展长河中，与自然紧密联系，形成了各自鲜明独特的民族风俗和文化，许多民族目前还保持着原始而淳朴的自然祭祀活动，人们尊重自然、顺应自然、保护自然，充分体现了人与自然和谐共处、相互发展的理念。正因如此，茂兰喀斯特原始森林得以完好地保存下来，成为地球同纬度地区残存下来的一片面积最大、相对集中、原生性强、相对稳定的喀斯特森林生态系统，为喀斯特地区珍稀动植物和地方特有动物生息繁衍提供了最佳场所，具有重大的保护和科研价值。

（十）西双版纳国家级自然保护区

西双版纳国家级自然保护区位于云南省南部边陲的西双版纳傣族自治州境内，地跨景洪市和勐腊、勐海两县，由地域上相近而又不相连的勐养、勐仑、勐腊、尚勇、曼搞5个子保护区组成，总面积2 425 km^2，是中国第一批建立的20个自然保护区之一。作为中国热带生物多样性最丰富、热带重要生物类群分布最集中、热带森林生态系统最完整的大型综合性自然保护区，区内植被类型丰富，共有9个植被亚型49个群系，主要保护以热带雨林、季雨林为标志的森林生态系统和热带珍稀濒危野生动植物种群及生境。西双版纳国家级自然保护区野生珍稀动植物荟萃，珍稀、濒危物种多，分布有望天树、藤枣等国家重点保护植物和亚洲象、绿孔雀和及白颊长臂猿等云南特有的国家重点保护动物。西双版纳的热带雨林在中国现存的热带雨林中属面积最大、生物多样性极为丰富、生态系统保存较为完整的热带雨林，加之其具有的独特生态类型和奇异的生态景观，是十分重要而宝贵的自然遗产，具有极高的保护价值。

（十一）海南东寨港国家级自然保护区

海南东寨港国家级自然保护区位于海南省东北部的海口美兰区与文昌交界的东寨港，总面积33.38 km^2，其中红树林面积20.65 km^2，滩涂面积12.73 km^2，是我国建立的第一个以保护红树林生态系统为主的自然保护区，也是迄今为止我国红树林自然保护区中红树林资源最多、树种最丰富的自然保护区，被誉为“海上森林公园”。主要湿地类型包括永久性浅海水域、潮间带森林湿地和滩涂，保护以红树林为主的北热带边缘河口港湾、海岸滩涂生态系统及越冬鸟类栖息地。保护区内生长着全国成片面积最大、种类齐全、保存最完整的红树林，共有红树植物19科35种，其中真红树植物11科24种，半红树植物9科11

种，其中海南海桑、水椰、卵叶海桑、拟海桑、木果楝、正红树、尖叶卤蕨、瓶花木、玉蕊、杨叶肖槿、银叶树等为我国红树林珍稀濒危植物，海南海桑和尖叶卤蕨更是海南特有。已观测记录到的鸟类有194种，其中珍稀濒危、属国家二级保护鸟类的有黄嘴白鹭、黑脸琵鹭、白琵鹭和黑嘴鸥等16种。

（十二）西藏珠穆朗玛峰国家级自然保护区

西藏珠穆朗玛峰国家级自然保护区位于西藏自治区的定日县、聂拉木县、吉隆县和定结县，总面积33 819 km^2，是以保护极高山生态系统、山地森林生态系统、灌丛草原生态系统，以及分布于其中的生物多样性为主，同时保护当地藏民族历史文化遗产等具有重大科研价值的综合性自然保护区。珠穆朗玛峰国家级自然保护区包含着世界最高峰——珠穆朗玛峰和其他四座海拔8 000 m以上的山峰，是世界生物地理区域中最为特殊的西藏和喜马拉雅高地的交界处，因此是世界上最独特的生物地理区域。保护区内生态系统类型多样，生物资源丰富，珍稀濒危物种及特有种较多，有高等植物2 348种，哺乳动物53种，鸟类206种，两栖动物8种，鱼类10种，是研究高原生态系统、环境科学、人文科学的重要基地。

（十三）青海可可西里国家级自然保护区

青海可可西里国家级自然保护区位于青海玉树藏族自治州西北部，昆仑山南麓长江北源地区，东西长200~400 km，南北宽约280 km，面积4.5万km^2，主要保护对象是藏羚羊、野牦牛、藏野驴、藏原羚等珍稀野生动物、植物及其栖息环境。保护区平均海拔在4 600 m以上，最高峰青新峰海拔6 860 m。保护区自然环境严酷，气候恶劣，主要植被类型有高寒草原、高寒草甸和高寒冰缘植被，分布有少量高寒荒漠草原、高寒垫状植被和高寒荒漠等，保护区内有高等植物210余种，其中青藏高原特有种84种，垫状植物资源特别丰富，占全世界的1/3；哺乳动物23种，鸟类48种。可可西里国家级自然保护区具有极高的生态保护、科学研究和美学旅游价值。

（十四）安徽黄山国家级风景名胜区

黄山位于安徽省南部黄山市境内，峰峦叠嶂，巧石林立，青松争奇，具有丰富的景观多样性，山脉方圆约1 200 km^2，黄山风景区面积160.6 km^2。黄山有1 019处自然与人文景观，是集“世界文化与自然遗产”“世界人与生物圈”“世界地质公园”于一身的自然保护地，素以“美妙的自然景观、良好的生态环境、神奇的地质地貌、独特的文化遗存”而闻名于世。集中展示8亿年地质史，融峰林地貌、冰川遗迹于一体，经过大气、水和植物根系亿万年的风化侵蚀，造就了花岗岩造型石、花岗岩洞室、泉潭溪瀑等丰富而典型的地质景观。境内生物多样性丰富，生态系统完善，有高等植物2 385种、脊椎动物432种，是全球同纬度生物多样性最丰富的地区之一，也是长江和钱塘江等水系的重要水源地，成为中国华东地区最重要的生态屏障。

（十五）张家界国家森林公园

张家界国家森林公园位于湖南省西北部张家界市境内，地处武陵山脉东段，总面积48.1 km^2，以丰富的森林资源和独特的石英砂岩峰林峡谷地貌著称于世，是中国最早的国家级森林公园、世界地质公园，被联合国教科文组织列入《世界自然遗产名录》。张家界野生动植物资源十分丰富，有种子植物1 466种，其中裸子植物12种，被子植物1 454种；野生动物409种，其中两栖动物34种，爬行动物46种，鸟类226种，哺乳动物67种，鱼类36种。张家界的砂岩峰林地貌是一种独特的地貌形态和自然地理特征，峰林集中分布区面积86 km^2，奇峰3 000余座，形态各异，气势恢宏。以岩溶地貌景观为衬托，兼有地质遗迹，溪流峡谷，构成独具特色的砂岩峰林地貌组合景观，具有丰富的景观多样性。

（十六）广东丹霞山国家地质公园

广东丹霞山国家地质公园位于广东省韶关市，总面积292 km^2，因“色若渥丹，灿若明霞”而得名，是我国东南湿润区丹霞地貌的典型代表，也是“丹霞地貌”这一地学名词的命名地，2010年10月作为重要组成部分成功申请为世界自然遗产“中国丹霞”。丹霞山具有类型丰富的单体类型，是中晚期簇群式丹霞地貌的典型代表，共有两百余处典型的地质遗迹，包括丹霞石堡、赤壁大丹霞、侵蚀孤峰、竖向侵蚀洞穴等地质遗迹，以及石峰、石墙、石堡、石柱、石脊、峡谷、沟谷、洞穴、壶穴、深切河曲等地貌类型。人文历史丰厚，内有别传禅寺、锦石岩寺、仙居岩道观，拥有众多古代的寺庙、石窟、山寨遗址和古代悬棺岩墓，宋代以来的摩崖石刻及岩画遍布山间。生态环境良好，原生植被以中亚热带常绿阔叶林为主，林木茂盛，特有植物有丹霞梧桐、丹霞南烛、丹霞小花苣苔等。

第四章

我国国家公园体制建设

本图由三江源国家公园管理局提供

一、国家公园体制试点概况

为从根本上解决原有保护地缺乏系统规划、重叠设置、多头管理、边界不清、权责不明、保护与发展矛盾突出等问题，确保重要自然生态系统、自然遗迹、自然景观和生物多样性得到系统性保护，提升优质生态产品供给能力，维护国家生态安全，我国部署开展国家公园体制试点。

（一）发展历程

2013年11月，党的十八届三中全会明确要求“加快生态文明制度建设”，并首次提出“建立国家公园体制”。

2015年1月，国家发展改革委会同财政部、国家林业局等13个部门联合印发《建立国家公园体制试点方案》，明确推进国家公园体制试点，并确定在北京、吉林、黑龙江、浙江、福建、湖北、湖南、云南、青海等9 省市开展国家公园体制试点。

2015年9月，中共中央、国务院印发《生态文明体制改革总体方案》，方案明确了生态文明体制改革的八项基础制度，其中“健全自然资源资产产权制度”和“建立国土空间开发保护制度”两项制度都提及国家公园，包括：中央政府对部分国家公园直接行使所有权；对原有保护地进行功能重组，合理界定国家公园范围，国家公园实行更严格保护，除不损害生态系统的原住民生活生产设施改造和自然观光科研教育旅游外，禁止其他开发建设，保护自然生态和自然文化遗产原真性、完整性。在“生态文明体制改革的实施保障”部分也特别提出要制定完善包括国家公园在内的法律法规，为生态文明体制改革提供法制保障。

2017年9月，中共中央、国务院办公厅印发《建立国家公园体制总体方案》，正式提出国家公园建设的总体框架，明确“国家公园是我国自然保护地最重要类型之一”，“国家公园建立后，在相关区域内一律不再保留或设立其他自然保护地类型”，明确国家公园体制试点的主要内容。

2017年10月，党的十九大报告肯定了“生态文明建设成效显著”，其中“国家公园体制试点积极推进”，并提出“建立以国家公园为主体的自然保护地体系”，进一步明确了国家公园在自然保护地体系中的地位。

2018年3月，中共中央印发《深化党和国家机构改革方案》，“将国家林业局的职责，农业部的草原监督管理职责，以及国土资源部、住房和城乡建设部、水利部、农业部、国家海洋局等部门的自然保护区、风景名胜区、自然遗产、地质公园等管理职责整合，组建国家林业和草原局”，“国家林业和草原局加挂国家公园管理局牌子”，“管理国家公园等各类自然保护地等”。此后，国家公园体制试点工作由国家发展改革委移交到国家林业和草原局。

2019年6月，中共中央、国务院办公厅印发《关于建立以国家公园为主体的自然保护地体系的指导意见》，标志着我国国家公园体制建设已经初步完成顶层设计。指导意见提出：“确立国家公园在维护国家生态安全关键区域中的首要地位，确保国家公园在保护最珍贵、最重要生物多样性集中分布区中的主导地位，确定国家公园保护价值和生态功能在全国自然保护地体系中的主体地位。”

（二）重要背景

1. 国家公园的主要功能

国家公园的首要功能是生态保护，兼具科研、教育、游憩等综合功能。建立国家公园的目的是保护自然生态系统的原真性、完整性，始终突出自然生态系统的严格保护、整体保护、系统保护，把最应该保护的地方保护起来。同时，要着眼于提升生态系统服务功能，开展自然环境教育，为公众提供亲近自然、体验自然、了解自然及作为国民福利的游憩机会。

2. 国家公园的建设理念

国家公园的建设有三大理念：首先，坚持生态保护第一，把最应该保护的地方保护起来。其次，坚持国家代表性，具有国家象征，代表国家形象，为国家所有。最后，坚持全民公益性，鼓励公众参与，调动全民积极性，激发自然保护意识。

3. 国家公园体制试点内容

国家公园体制试点主要包括四个方面：

（1）建立统一管理机构，整合相关自然保护地管理职能，结合生态环境保护管理体制、自然资源资产管理体制、自然资源监管体制改革，由一个部门统一行使国家公园自然保护地管理职责。

（2）分级行使所有权，国家公园内全民所有自然资源资产所有权由中央政府和省级政府分级行使，条件成熟时，逐步过渡到国家公园内全民所有自然资源资产所有权由中央政府直接行使。

（3）构建协同管理机制，合理划分中央和地方事权，构建主体明确、责任清晰、相互配合的国家公园中央和地方协同管理机制。

（4）建立健全监管机制，加强国家公园空间用途管制，完善监测指标体系和技术体系，构建国家公园自然资源基础数据库及统计分析平台，加强对国家公园生态系统状况、环境质量变化、生态文明制度执行情况等方面的评价，建立健全社会监督机制，建立举报制度和权益保障机制。

4. 国家公园建设和运行经费

国家公园的资金以财政投入为主，在确保生态保护和公益属性的前提下，探索多渠道、多元化的投融资模式。首先，确定中央与地方事权划分，中央政府直接行使全民所有自然资源资产所有权的国家公园支出由中央政府出资保障，委托省级政府代理行使全民所有自然资源资产所有权的国家公园支出由中央和省级政府根据事权划分分别出资保障，逐步加大各级财政投入。其次，完善社会捐赠制度，探索生态产品价值实现路径。

二、国家公园体制试点区介绍

国家公园体制试点区的主要时间节点如下。2015年12月，中央全面深化改革领导小组会议通过《三江源国家公园体制试点方案》，标志着我国首个国家公园体制试点区启动。2016年5—10月，国家发展改革委陆续批复了神农架、武夷山、钱江源、南山、长城、普达措等6个试点区的试点实施方案。2016年12月，中央全面深化改革领导小组会议通过了大熊猫和东北虎豹2个试点区的试点方案，2017年6月，又通过了《祁连山国家公园体制试点方案》。2018年，长城终止国家公园体制试点，加入国家文化公园建设序列。2019年1月，中央全面深化改革委员会（2018年3月根据《深化党和国家机构改革方案》由原中央全面深化改革领导小组改成）会议通过了《海南热带雨林国家公园体制试点方案》。至此，我国共设立了首批10个国家公园体制试点区，涉及12个省份，总面积达22.3万km^2。

我国首批10个国家公园试点区（图4.1）的情况如下[①]。

（一）东北虎豹国家公园试点区

东北虎豹国家公园试点区面积1.46万km^2，跨吉林、黑龙江两省，与俄罗斯接壤，吉林省片区面积1.01万km^2，黑龙江省片区面积0.45万km^2。试点区的主要保护对象为温带针阔混交林生态系统，以及以东北虎、东北豹为旗舰物种的野生动物及其栖息地。试点区拥有我国最典型的针阔混交林类型，以及我国最大的东北虎、东北豹野生种群，是我国东北虎和东北豹最重要的定居和繁育区域，具有中国境内罕见的包括顶级食肉动物存在的完整食物链网。区内生物多样性丰富，包括东北虎（图4.2）、东北豹、紫貂、中华秋

①国家公园体制试点材料主要来自各国家公园管理局。

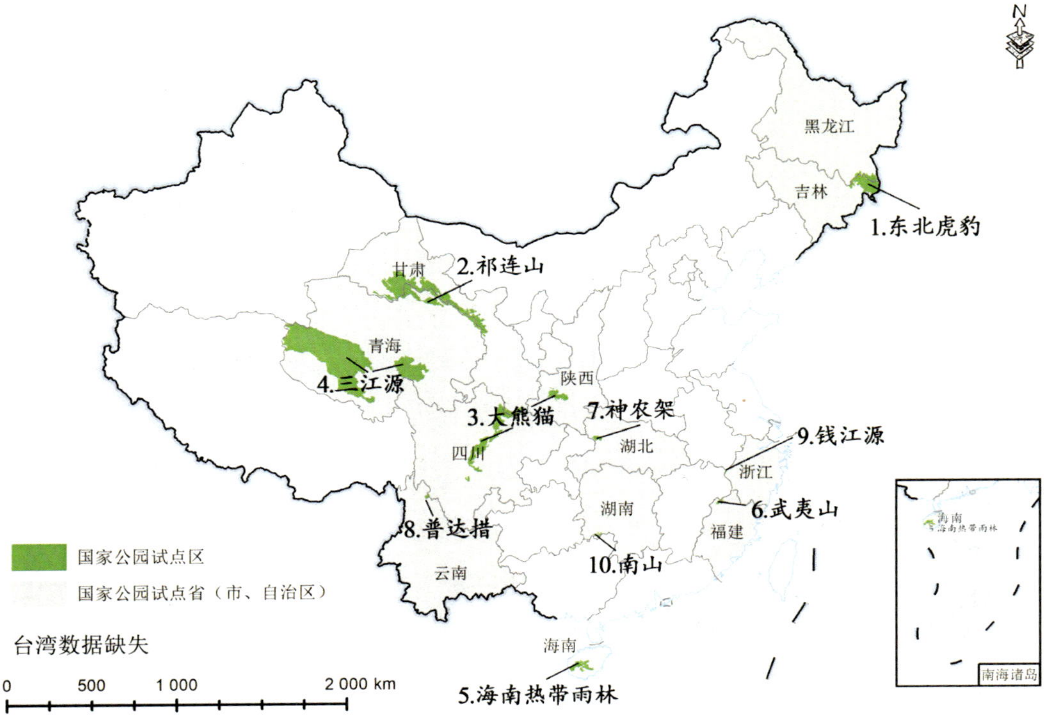

图4.1　我国10个国家公园试点区分布图

图4.2　东北虎
（国家林业和草原局东北虎豹监测与研究中心/北京师范大学虎豹研究团队提供）

沙鸭、丹顶鹤等国家重点保护动物，以及东北红豆杉、红松等国家重点保护植物。试点区属于我国陆地边境地区、朝鲜族聚居区，具有重要历史文化价值。

东北虎豹国家公园试点区是目前唯一由国家林业和草原局（国家公园管理局）代表中央政府垂直管理的国家公园试点区，也是第一个同步开展健全国家自然资源资产体制试点的国家公园试点区。在试点过程中，东北虎豹国家公园主要形成了以下特色：

（1）构建了“天地空”一体化监测体系，实现了园区范围内近万平方千米的监测覆盖，基本实现了“看得见虎豹、管得住人”的目标。

（2）与俄罗斯豹地国家公园构建了跨国合作保护平台，完善了野生动物保护的跨国合作机制。

（3）积极引导社会广泛参与国家公园建设，全方位、立体式宣传活动把生态文明建设、国家公园体制建设、自然资源产权制度的理念传达到了全社会，得到广泛认同与拥护，成为向世界传播生态文明理念、展示中国生物多样性保护负责任大国形象的重要窗口。

（二）祁连山国家公园试点区

祁连山国家公园试点区面积5.02万km^2，跨甘肃、青海两省，甘肃片区3.44万km^2，青海片区1.58万km^2（图4.3）。试点区的主要保护对象为温带荒漠草原、冰川雪山等生态系统，以及以雪豹为代表的珍稀濒危物种及其栖息地。祁连山是我国西部重要的生态安全屏障，冰川与水源涵养国家重点生态功能区，具有维护青藏高原生态平衡，阻止腾格里、巴丹吉林和库姆塔格三个沙漠南侵，维持河西走廊绿洲稳定，以及保障黄河和内陆河径流补给的重要功能。区内生物多样性丰富，拥有雪豹、白唇鹿、黑颈鹤、金雕、盘羊等国家重点保护动物，以及野大豆等国家重点保护植物。祁连山自古以来便是水草茂盛的天然草场，形成了多民族共融、多元文化并存的地域特色。

图4.3　祁连山国家公园（摄影 欧阳志云）

在试点过程中，祁连山国家公园主要形成了以下特色：

（1）创新性开展矿权退出机制，按“共性问题统一尺度、个性问题一矿一策”的思路，采取注销式、扣除式、补偿式三种退出方式，对矿权人自愿放弃申请注销的和对矿业权年限已满未办理延续的，采取注销式退出；对扣除与保护区重叠区域后剩余面积大于1 km^2的矿业权，或剩余面积保有资源储量满足最低生产规模的，采取扣除式退出；其他部分采取补偿式退出。

（2）探索了生态保护与民生改善协调发展新模式，采取设置公益岗位、开展技能培训、扶持增收项目、实施搬迁补助等方式，既提高了自然资源的保护效率，又增加了居民收入。

（3）推进生态产品价值实现，开展黑河流域上下游横向生态保护补偿试点，除签署协议规定的补偿方式和标准外，甘肃省财政厅和生态环境厅对符合考核相关要求的县区予以奖励。

（三）大熊猫国家公园试点区

大熊猫国家公园试点区面积2.71万km^2，跨四川、陕西、甘肃三省，四川片区面积2.02万km^2，陕西片区面积0.44万km^2，甘肃片区面积0.25万km^2。试点区的主要保护对象为亚热带针叶林、常绿阔叶林等生态系统，以及以大熊猫为旗舰物种的野生生物及其栖息地，拥有野生大熊猫1 631只，占全国总数的87.5%（图4.4）。试点区属于全球生物多样性热点区之一，拥有大熊猫、川金丝猴、金钱豹、云豹、羚牛等国家重点保护动物，以及珙桐、独花兰等国家重点保护植物。区内自然与人文交相辉映，涉及四川大熊猫栖息地、黄龙两处世界自然遗产地和青城山—都江堰世界文化遗产地。

图4.4　大熊猫（摄影 张晋东）

在试点过程中，大熊猫国家公园主要形成了以下特色：

（1）探索建立社会公益型保护小区，在绵阳管理分局老河沟开展试点，引入非政府组织等社会力量提供所需资金和技术，负责保护小区的具体管理，激发当地社区居民广泛参与国家公园生态保护，国家公园管理机构与地方政府建立日常、重点和专项三级监管体系，确保自然保护小区按照国家公园管理的规定实施有效管理。

（2）创新司法协作机制，建立了行政执法与刑事司法衔接机制、民事司法保护协作机制等，组建了大熊猫国家公园专门法庭，专司破坏大熊猫国家公园自然资源和生态环境案件，解决了跨区域执法标准不统一的问题，提高了案件审判的专业化水平。

（3）强化大熊猫国家公园品牌增值体系建设，与世界自然基金会合作，发布“大熊猫友好型认证标准”，符合相关要求的农产品将获得认证，产自平武县的中草药南五味子成为全球首个通过该标准认证的产品，已销往美国并获得了超出市场价格的溢价收益。

（四）三江源国家公园试点区

三江源国家公园试点区面积12.31万km^2，位于青海省南部、地球“第三极”青藏高原腹地，平均海拔4 712.63 m，是长江、黄河、澜沧江的发源地，被誉为“中华水塔”，是国家重要的生态安全屏障（图4.5）。试点区的主要保护对象为高寒荒漠、高原湿地等生态系统，以及以藏羚羊、雪豹等珍稀濒危物种为代表的野生生物及其栖息地。区内生物多样性丰富，拥有藏羚羊、雪豹、野牦牛、藏野驴、金雕、藏狐等国家重点保护动物，有“高寒生物种质资源库”之称。试点区保存了大面积的原始风貌，河流纵横、湖泊星罗棋布，古老的原始森林、广袤的草原、壮观的澜沧江大峡谷、黄河源“千湖”等景观。试点区历史遗迹遗址广泛分布，藏传佛教历史源远流长，藏族传统生产生活方式保持完好，形成了敬畏生命、天人合一的自然保护理念。

图4.5　三江源国家公园（青海三江源国家公园管理局提供）

在试点过程中，三江源国家公园主要形成了以下特色：

（1）建立集中统一的管理体制，整合国土资源、林业资源、水资源、环境保护等相关管理机构，设立生态环境和自然资源管理局；整合森林公安局、国土执法、环境执法、草原监理、渔政执法等执法机构，设立资源环境执法局；整合林业站、草原站、水土保持、湿地保护等事业单位，在园区管委会和乡镇设生态保护站。

（2）建立牧民共建共享机制，实施"一户一岗"吸纳一批、培训技能转岗吸纳一批、特许经营吸纳一批、工程建设吸纳一批、传统产业升级吸纳一批的"五个一批"扶贫模式，使广大农牧民生产生活条件得到明显改善。

（3）积极传播生态文明思想和国家公园理念，青海省与国家林业和草原局共同举办了第一届国家公园论坛，每年发布三江源国家公园公报，利用外交部全球推介会、国新办新闻发布会、首都博物馆"山宗水源路之冲"展览等平台和载体，让美丽三江源成为青海走向世界的绿色名片。

（五）海南热带雨林国家公园试点区

海南热带雨林国家公园试点区面积4 403 km^2，位于海南岛中南部，约占海南岛面积的1/7，是万泉河、昌化江、南渡江等主要江河的发源地，海南岛重要水源涵养区（图4.6）。试点区的主要保护对象是热带雨林、热带季雨林等生态系统，以及以海南长臂猿为代表的珍稀濒危物种及其栖息地，是海南长臂猿全球唯一分布地。试点区属于全球生物多样性热点区之一，包括海南长臂猿、海南坡鹿、圆鼻巨蜥、黑翅鸢等国家重点保护动物，以及海南苏铁、坡垒、海南油杉等国家重点保护植物，并且存在大量海南特有的动植物物种。试点区是黎族、苗族等少数民族的传统栖居地，长期以来有着信仰自然、赞美自然、保护神圣山林的理念，形成了特色鲜明的雨林文化。

图4.6　海南热带雨林国家公园（海南热带雨林国家公园管理局提供）

在试点过程中，海南热带雨林国家公园主要形成了以下特色：

（1）通过实施土地权属置换、教育移民等方式推动国家公园范围内的人口生态搬迁。充分利用自贸港的政策优势，确保在平等协商、价值相当的基础上，将迁出地所腾出的农村集体土地与迁入地的国有土地进行土地权属置换，并办理不动产产权登记，统筹保障安置住房用地和生产生活用地需求，确保迁出地原所有权人居住条件不降低，长远生计有保障。同时，对一般控制区的居民，通过教育资助方式推动远期及长期移民，实现了降低成本保护绿水青山、保障搬迁农民利益维护社会稳定的双赢目标。

（2）建立科研合作国际平台和联合攻关机制，组建了海南国家公园研究院，创新人才吸引和激励机制，以项目为导向，柔性引进高层次及特需人才，吸引和聚集的人才队伍为海南热带雨林国家公园建设和发展提供了强大的智力支撑。

（3）建设以电子围栏为标志的智慧国家公园，在不增加管理管护人员的情况下，加强信息化基础设施，开展“智慧雨林项目”建设试点，推进生态管理和治理能力向信息化、标准化、智能化发展，极大提高了国家公园资源监管水平和生态管护能力。

（六）武夷山国家公园试点区

武夷山国家公园试点区面积1 001.4 km^2，位于福建省西北部南平市，与江西省接壤，属于我国典型的南方集体林区，集体土地面积占总面积的2/3，武夷山脉的主峰黄岗山为华东最高峰，海拔2 160.8 m，号称“华东屋脊”（图4.7）。试点区的主要保护对象为中亚热带原生性森林生态系统及其孕育的丰富的生物多样性，以及以丹霞地貌、九曲溪水系为典型代表的自然景观。区内生物多样性丰富，属于中国32个内陆陆地和水域生物多样性保护优先区域之一，包括黄腹角雉、白颈长尾雉、金斑喙凤蝶、白鹇等国家重点保护动物，南方红豆杉、闽楠等国家重点保护植物。武夷山是我国重要的佛道名山、朱子理学的摇篮，还是乌龙茶和红茶的发源地，人文与自然有机相融，是全国唯一属于世界文化与自然双遗产地的国家公园体制试点区。

图4.7　武夷山国家公园（摄影 黄海）

在试点过程中，武夷山国家公园主要形成了以下特色：

（1）创新协同管理机制，建立了省市县联动工作机制，划清了国家公园管理局、省直有关部门和所在地各级政府权责，国家公园6个管理站站长由所在地乡镇长兼任，明确规定有关乡镇长在转任、提任时应征得国家公园管理局同意。

（2）创新生态补偿机制，在保障林农利益的前提下，实现集体土地统一管理，为集体土地占比高的地区建立国家公园提供了示范。主要做法包括：提高生态公益林补偿标准；对重点区位的毛竹林实施经营管控，给予补偿；将主景区内的集体山林使用管理权归国家公园管理机构，对林权所有者实行补偿，补偿额度随游憩收入增长联动递增；设置生态管护岗位和游憩服务岗位，增加区内居民工资性收入。

（3）探索持续协调的绿色发展新机制，立足国家公园极高的生态价值、社会价值，发挥品牌效应，发展生态茶业、生态游憩等绿色产业，成为绿水青山就是金山银山的生动实践。在控制茶园面积不增加的前提下，努力提升茶叶品质，鼓励和支持茶企、茶农高标准建设生态茶园，促进分散农户与市场紧密对接，完成从产品到商品的升级。深挖独特的文化底蕴，结合美丽乡村建设，打造茶文化体验游，实现生态成果与旅游收益共享。

（七）神农架国家公园试点区

神农架国家公园试点区面积1 170 km^2，位于湖北省西部，是长江与汉水在湖北境内的分水岭，南水北调中线工程重要的水源涵养区，三峡库区最大的天然绿色屏障（图4.8）。试点区的主要保护对象包括北亚热带森林生态系统和垂直带谱、亚高山泥炭藓沼泽湿地生态系统、以金丝猴和珙桐为代表的珍稀濒危物种和古老孑遗动植物及其栖息地、中元古代（前寒武纪晚期）地层单元等地质遗迹。试点区属于世界自然遗产地，以原始、神秘闻名于世，景观资源极其丰富，其自然景观星罗棋布，既有世界上最完整的晚前寒武纪古地层与冰川遗迹，也有茫茫原始森林，还有珍稀濒危的川金丝猴等。区内生物多样性丰富，包括川金丝猴、云豹、金钱豹、东方白鹳、黑熊等国家重点保护动物，以及珙桐、秦岭冷杉等国家重点保护植物。神农架是华夏文明的发源地，中华民族的伟大始祖炎帝神农氏曾在此采尝百草药，教先民耕种，开创了农耕时代，开启了药食同源的智慧之光。

在试点过程中，神农架国家公园主要形成了以下特色：

（1）健全生态管护新机制，构建了基于网格化、智慧化的神农架国家公园生态系统“大保护、大科研、大监测”体系，把社区常规巡护和定期远程巡护同时纳入考核，考核结果与薪酬挂钩，有效提升了保护管理效率。

（2）探索社区共建、共享机制，用国家公园标识制作社区、农户门牌，将国家公园文化融入社区、融入家庭，建立兽灾商业保险机制，对生态移民农民实行“以电代柴”补贴，对候鸟迁徙补食对原居民农作物造成的损失进行补偿，增强民众保护意识。

（3）着力打造自然科普教育基地，充分彰显国家公园的全民公益性，先后建成了多个科普教育基地、研学线路、科普长廊等自然环境教育平台，与全国高校和科研机构开展多领域研学活动，每年开展中小学生自然研学冬令营、夏令营科普讲座近百场（批）次，为中小学生提供了不同环境下拓展视野、丰富知识、了解自然、体验自然的场所。

图4.8　神农架国家公园（湖北神农架国家公园管理局提供）

（八）普达措国家公园试点区

普达措国家公园试点区面积602.1 km^2，位于中国西南横断山脉、青藏高原东缘的云南省迪庆藏族自治州香格里拉市境内（图4.9）。试点区的主要保护对象为典型寒温性针叶林和硬叶常绿阔叶林等自然生态系统、古冰川遗迹，以及以黑颈鹤为代表珍稀濒危野生动植物及其栖息地。试点区是“三江并流”世界自然遗产的核心腹地，融丰富的生物多样性、景观多样性、文化多样性为一体，以高山湖泊、原始森林、雪山草甸、地质遗迹、藏族风情及宗教文化闻名。区内生物多样性丰富，且属于特有物种聚集区，拥有林麝、黑颈鹤、黑鹳、小熊猫等国家重点保护动物，以及云南红豆杉、松茸等国家重点保护植物。试点区保存了典型的藏族传统村落，山水林湖承载了宗教信仰，成为神山圣水，传承崇尚自然的朴素思想和珍惜生灵的生态伦理道德。

图4.9　普达措国家公园（摄影 彭建生）

在试点过程中，普达措国家公园主要形成了以下特色：

（1）将藏传佛教及其“神山圣湖崇拜”等传统生态智慧内化于保护，形成了独具特色的国家公园生态管理方式。邀请活佛、高僧在民族传统节日、宗教节日期间宣讲“天人合一、崇尚自然”的伦理道德；聘请藏族民间绘画师，制作保护宣传画进行入户宣传；邀请活佛利用宗教仪式对资源利用过度的区域进行封山禁猎；通过“村规民约”限制木材砍伐量等。通过活动设计将藏族传统生态智慧以文化符号的形式呈现给访客，潜移默化地影响访客行为，使访客入乡随俗。

（2）在严格保护的前提下，综合利用社区特许经营、资金与土地入股、安置就业和教育资助等手段探索国家公园社区可持续发展机制，依托优质生态环境和绝佳景观资源，适度开展生态游憩等活动，以资源利用收入反哺生态保护与社区发展，通过较小范围的资源非消耗性利用促进了大范围的有效保护，实现了生态保护和社会经济发展的协同推进。

（3）充分挖掘藏族传统生态智慧的民间传说作为解说素材，与自然环境教育充分融合，塑造“生态——山水林田湖草沙生命共同体”“生产——畜牧、游憩、教育可持续发展”“生活——人与自然和谐相处”三大生态教育主题，为构建具有中国特色的国家公园生态教育功能体系做出了有益探索。

（九）钱江源国家公园试点区

钱江源国家公园试点区面积252.38 km^2，位于浙江省西南部，衢州市开化县境内，集体土地面积占试点区总面积的80.7%，是典型的南方集体

图4.10 钱江源国家公园（浙江钱江源国家公园管理局提供）

林区。试点区是浙江母亲河钱塘江的发源地和涵养地，是华东地区重要的生态安全屏障。试点区的主要保护对象为大面积、全球稀有的中亚热带低海拔典型的原生常绿阔叶林地带性植被，以及以黑麂、白颈长尾雉等为代表的珍稀濒危野生物种及其栖息地。区内生物多样性丰富，拥有高等植物257科2 245种，兽类44种，鸟类264种，其中黑麂的种群数量占全球种群数量的10%以上。试点区孕育了以钱塘文化为核心的良渚文化，徽、赣、吴越文化交融共生，传统文化习俗保存完好，形成了长期传承的生态保护理念。

在试点过程中，钱江源国家公园主要形成了以下特色：

（1）创新体制改革，实现人财物由省级政府垂直管理。整合组建的钱江源国家公园管理局由省政府垂直管理、省林业局代管，局党组书记、局长由省委组织部任命，常务副局长、法人代表及其他领导由省林业局任命，管理局作为省一级预算单位，预算执行参照省政府垂直部门管理。

（2）创新推进保护地地役权改革，在不改变森林、林木、林地权属的基础上，先由农户或村民小组自行委托村民委员会管理，再由村民代表大会集体表决形成决议，将管理权统一授权国家公园管理局，明确约定权利义务，通过一定的经济补偿限制村民的行为。通过实施地役权改革，试点区内集体土地几乎全部实现统一管理，居民增收效果良好。

（3）与中国科学院植物研究所等科研机构长期合

作，应用卫星和近地面遥感、林冠塔吊监测平台及森林大样地等新技术和新方法，构建了全方位、立体式的监测体系，已覆盖试点区全域。钱江源国家公园科研监测取得了突出成果并有效应用于国家公园管理，被作为案例在联合国可持续发展峰会上推介。

（十）南山国家公园试点区

南山国家公园试点区面积635.94 km^2（图4.11），位于湖南省邵阳市城

图4.11　南山国家公园（湖南南山国家公园管理局提供）

步苗族自治县境内，南与广西壮族自治区接壤，集体土地面积约占总面积的2/3。试点区地处南岭山系最西端和雪峰山脉最南端的交汇地带，属于我国“两屏三带”生态安全战略中的“南方丘陵山地带”，是长江流域和珠江流域的重要水源涵养地。试点区的主要保护对象为中亚热带低海拔常绿阔叶林等森林生态系统、中山泥炭藓沼泽湿地和南方草地生态系统，以及以林麝、资源冷杉为代表的珍稀濒危野生动植物及其栖息地。试点区拥有“东南亚第一近城绿色长廊”两江峡谷低海拔常绿阔叶林，罕见的南方山地泥炭藓湿地——十万古田湿地，被誉为“南方呼伦贝尔”的中国南方面积最大的中山峰林地貌——南山草原等极具魅力的自然景观。试点区生物多样性丰富，位于全球8条候鸟迁徙路线的东亚—澳大利亚候鸟迁徙路线上，是鹭科等候鸟每年前往东南亚国家的关键迁徙通道，拥有林麝、白颈长尾雉、穿山甲等国家重点保护动物，以及资源冷杉、银杉、毛唇独蒜兰等国家重点保护植物。区内自然资源承载了深厚的历史文化价值，红色文化底蕴深厚，苗族文化源远流长。

在试点过程中，南山国家公园主要形成了以下特色：

（1）首创国家公园行政权力清单集中授权机制，依法将省市县有关行政许可、行政执法、行政处罚等行政管理权力相对集中，共授予南山国家公园管理局行政权力197项，为南山国家公园管理局依法行政提供了有力支撑。

（2）强化主体责任，统筹资金使用管理，建立国家公园一级账户，形成“一个部门归集、一个口子拨付、一条渠道使用、一个标准考核”机制，省财政统一归集拨付，管理局统筹管理使用，省政府统一考核。

（3）国家公园体制试点与脱贫攻坚相结合，实施公益林扩面工程，将符合条件的商品林纳入公益林和天保林管理范畴，实施经营权租赁流转，提高公益林补偿标准，引导一般控制区居民发展林下经济。

第五章

我国重要国际保护地

一、世界遗产

世界遗产是指被联合国教科文组织世界遗产委员会确认的人类罕见的、目前无法替代的不可再生资源，是具有突出普遍价值的自然区域和文化遗存。提名列入《世界遗产名录》的遗产项目必须至少满足十项评判标准中的一项，其中有关自然遗产的评判标准包括：①与具有特殊普遍意义的事件、传统、理念、信仰、艺术或文学作品有直接或实质的联结（需与其他标准结合进行评判）；②独特、稀有或绝妙的自然现象、地貌或具有罕见自然美的地带；③构成代表进行中的重要地质过程、生命演化过程及人类与自然相互关系的突出例证；④代表陆地、淡水、沿海、海洋生态系统或动植物群落演化与发展进程的突出例证；⑤尚存的珍稀或濒危物种的栖息地。

截至2021年7月的第44届联合国教科文组织世界遗产委员会会议（世界遗产大会），世界上共有世界遗产1 154项，其中文化遗产897项，自然遗产218项，文化与自然双遗产39项。中国于1985年加入《保护世界文化和自然遗产公约》，截至2021年7月，已成功申报世界遗产56项，其中文化遗产38项、自然遗产14项、文化与自然双遗产4项，分布在29个省（自治区、直辖市、特别行政区）。中国世界遗产总数、自然遗产和双遗产数量均居世界第一，是近年全球世界遗产数量增长最快的国家之一。以下将对我国的自然遗产和双遗产进行简要介绍。世界遗产相关资料来源于人民网、中国世界遗产网及联合国教科文组织官网。

我国14项世界自然遗产和4项文化与自然双遗产的总面积达6.8万km^2，保护了我国最重要的自然生态系统和自然遗迹（图5.1）。

1992年我国入选3处世界自然遗产，其中黄龙风景名胜区位于四川松潘，素有“世界奇观”“人间瑶池”的美誉；九寨沟风景名胜区位于四川南

图5.1　中国世界自然遗产及双遗产分布情况
1.中国丹霞　2.峨眉山—乐山大佛　3.云南三江并流保护区　4.泰山　5.武陵源风景名胜区　6.武夷山　7.澄江化石遗址　8.湖北神农架　9.三清山国家公园　10.黄山　11.九寨沟风景名胜区　12.黄龙风景名胜区　13.中国南方喀斯特　14.贵州梵净山　15.青海可可西里　16.新疆天山　17.中国黄（渤）海候鸟栖息地（第一期）　18.四川大熊猫栖息地

坪，遗产区内高差悬殊、气候多样、山明水秀；武陵源风景名胜区位于湖南张家界，遗产区内沟壑、峡谷纵横，溪流、池塘、瀑布随处可见。

2003—2010年有5处入选世界自然遗产。2003年云南三江并流保护区入选，其位于云南丽江、迪庆藏族自治州和怒江傈僳族自治州，是世界上罕见的高山地貌及其演化的代表地区。2006年，四川大熊猫栖息地入选，遗产区涵盖四川成都、阿坝、雅安、甘孜4个市州12个县，是地球历史与地质特征研究的典型区域。2007年，中国南方喀斯特入选，第一期位于重庆武隆、贵州荔波和云南石林，第二期于2014年增选，位于广西桂林、贵州施秉、重庆金佛山和广西环江，是世界上最壮观的热带至亚热带喀斯特地貌样本之一。2008年，三清山国家公园入选，位于江西上饶，是具有1 600余年历史的道教名山。2010年，中国丹霞入选，位于贵州赤水、福建泰宁、湖南崀山、广东丹霞山、江西龙虎山和浙江江郎山，是反映地球大陆地壳中生代以来演化特征的杰出范例。

2012—2019年有6处入选世界自然遗产。2012年澄江化石遗址入选，位于云南澄江，是地球上发现最集中、保存最完整、种类最丰富的“寒武纪生命大爆发”例证。2013年，新疆天山入选，遗产区东起中国新疆哈密星星峡戈壁、西至乌兹别克斯坦的克孜勒库姆沙漠，是全球温带干旱区大型山地生态系统的最典型代表。2016年，湖北神农架入选，位于湖北西部，遗产区内自然资源丰富，生物多样性高，珍稀物种多。2017年，青海可可西里入选，位于青海西部、青藏高原西北角，被称为世界“第三极”。2018年，贵州梵净山入选，位于贵州铜仁，是东方落叶林生物区域中物种最丰富的热点地区之一。2019年，中国黄（渤）海候鸟栖息地（第一期）入选，位于江苏盐城湿地珍禽国家级自然保护区部分区域、大丰麋鹿国家级自然保护区全境、盐城条子泥市级湿地公园、东台市条子泥湿地保护小区和东台市高泥淤泥质海滩湿地保护小区，遗产区为数百万迁徙鸟类提供了丰富的食物资源，有世界上最大的潮间带泥滩系统。

我国现有4项世界文化与自然双遗产，其中1987年入选的泰山位于山东泰安，是中国艺术家和学者的精神源泉；1990年入选的黄山位于安徽黄山市，被誉为“震旦国中第一奇山”；1996年入选的峨眉山—乐山大佛，位于四川乐山、峨眉山市，峨眉山是佛教的主要圣地之一；1999年入选的武夷山位于福建武夷山市，是我国首批国家公园体制试点区。

二、人与生物圈保护区

人与生物圈计划是为了面对全球日益严峻的人口、资源和环境危机，由联合国教科文组织于1971年发起的一项政府间的科学计划。其目的在于为改善人类及其生存环境之间的相互关系打造一个科学基础，整合自然科学和社会科学的力量，以合理及可持续利用和保护全球生物圈资源，增进人类及其生存环境之间全方位的关系。

生物圈保护区是“可持续发展的学习场所”，第一次把保护、发展和培训、监测功能结合起来。在管理模式上提出了严格保护的核心区、可以进行与保护目的相一致的活动的缓冲区和实施可持续资源管理的过渡区。这种把自然保护与经济开发相结合的模式对21世纪可持续发展的倡议起到了先锋和示范的作用。

建立生物圈保护区，必须符合以下标准，一是该地区包含具有代表性的主要生物地理区域的各类生态系统，且包括因人类活动而逐年产生的变化；二是该地区对保护生物多样性具有重大意义；三是该地区应具有探索和示范地区可持续发展途径的可行性；四是该地区具有发挥生物圈保护区保护、发展、后勤支持三大功能的适宜面积；五是该地区包括核心区、缓冲区和过渡区三个必要区域。

截至2021年1月，世界生物圈保护区共有714个，分布于全球129个国家，其中有21个属于跨国界保护区。中国于1973年加入人与生物圈计划，长白山、鼎湖山、卧龙三个自然保护区于1979年成为中国加入世界生物圈保护区网络的第一批成员。截至2021年2月，中国的世界生物圈保护区共有34个，在绝大多数省级行政区域均有分布，保护着中国相当一部分的自然资源，是落实“人与生物圈计划”，践行“可持续发展”“生态文明”“美丽中国”战略的典型代表和优良平台（图5.2）。以下将对34个成员进行简要介绍，相关资料来源于中华人民共和国人与生物圈国家委员会和联合国教科文组织官网。

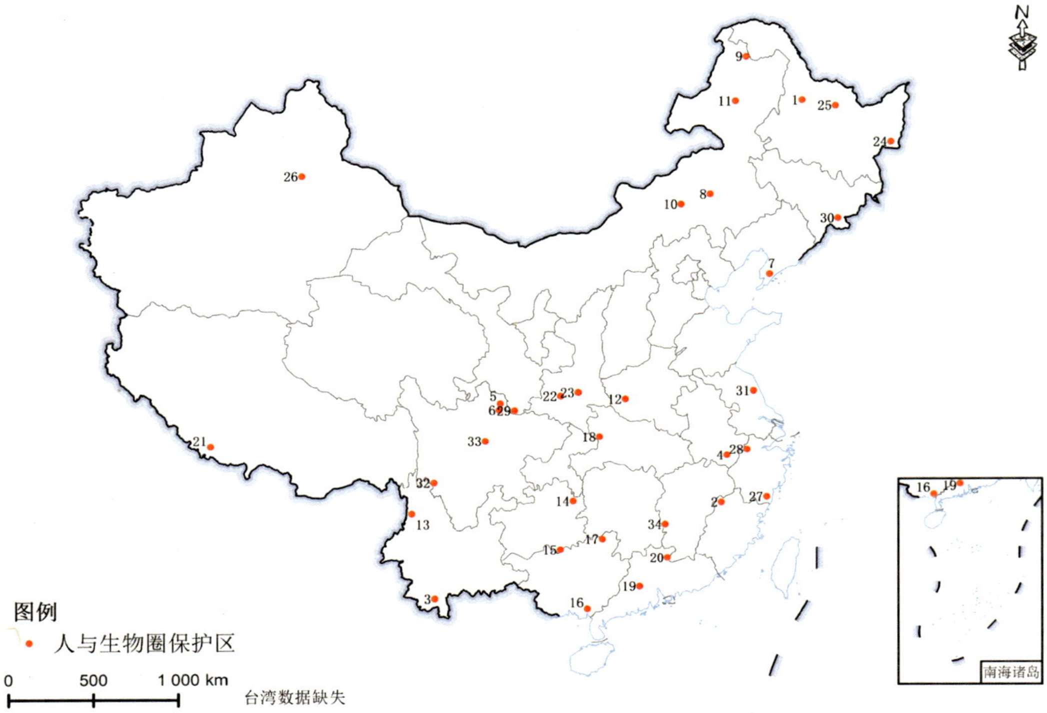

图5.2　中国人与生物圈保护区分布情况
1.五大连池　2.武夷山　3.西双版纳　4.黄山　5.九寨沟　6.黄龙　7.蛇岛—老铁山　8.赛罕乌拉　9.汗马　10.锡林郭勒　11.达赉湖　12.宝天曼　13.高黎贡山　14.梵净山　15.茂兰　16.山口　17.猫儿山　18.神农架　19.鼎湖山　20.车八岭　21.珠穆朗玛　22.佛坪　23.牛背梁　24.兴凯湖　25.丰林　26.博格达　27.南麂列岛　28.天目山　29.白水江　30.长白山　31.盐城　32.亚丁　33.卧龙　34.井冈山

1979年第一批入选的世界生物圈保护区有3处，其中吉林长白山是长白山天池所在地，松花江、图们江、鸭绿江的源头；广东鼎湖山拥有至少400年的珍稀原始森林，是中国第一个自然保护区和东南亚佛教圣地；四川卧龙，是我国最早建立的大熊猫自然保护区，全球最大的大熊猫饲养、繁殖和育幼基地。

第二批（1986年）与第三批（1987年）共有3处入选，第二批入选的贵州梵净山拥有世界上同纬度带最完整的原始森林生态系统，世界上最大的珙桐林，是黔金丝猴的唯一栖息地，也是明代以来的佛教圣地。第三批入选的内蒙古锡林郭勒是中国第一个草原生物圈保护区，为提高当地居民福祉而开展的草原资源可持续利用的模范区；福建省武夷山拥有几处世界上最大片的湿润亚热带森林，是世界红茶发源地。

1990—1998年共有六批9处入选世界生物圈保护区。其中第四批入选的生物圈保护区共两处，新疆博格达是天山天池所在地，湖北神农架拥有海拔3 105 m的华中第一峰神农顶。第五批入选的江苏盐城是全球丹顶鹤最重要的越冬地。第六批入选的云南西双版纳，拥有中国最大的热带雨林，是中国90%的野生亚洲象种群的家园，中国最丰富的民族多样性地区。第七批入选的贵州茂兰，拥有中国中亚热带地区喀斯特地貌上保存良好的原始森林；浙江天目山是巨树的王国，拥有世界最古老的银杏群落。第八批入选的黑龙江丰林拥有保存完整的红松天然林，而四川九寨沟拥有高山喀斯特湖泊群和瀑布群。第九批入选的浙江南麂列岛，拥有15种特有贝类，是中国第一个海洋/海岸带生物圈保护区。

2000—2007年共有六批13处入选世界生物圈保护区。其中第十批入选的广西山口包括中国罕见的集红树林、盐沼、海草床为一地的生态系统；甘肃白水江是甘肃省大熊猫主要分布区及白马藏族的家园；云南高黎贡山是白眉长臂猿在中国的主要分布地；四川黄龙拥有约3 400个钙华水塘构成的系统，相互之间以钙华浅滩、急流和瀑布相连。第十一批入选的河南宝天曼是河南省珍稀植物最集中、最丰富的地区；内蒙古赛罕乌拉是契丹族的故土和发祥地。第十二批入选的内蒙古达赉湖是大洋洲—东北亚候鸟迁徙路线上的停歇驿站。第十三批入选的黑龙江五大连池是中国最年轻的火山，是研究先锋植物在不毛之地上演替的理想地；四川亚丁拥有仙乃日、央迈勇、夏诺多吉三座神山。第十四批入选的陕西佛坪，海拔2 200m以上具有保存良好的原始森林生态系统，是我国野生大熊猫密度最高的区域；西藏珠穆朗玛是世界上海拔最高的生物圈保护区，南部拥有海洋性冰川，北部拥有大陆性冰川。第十五批入选的广东车八岭，是“东方吉卜赛人”过山瑶人的家园，目前世界上唯一有人类居住的火山口；黑龙江兴凯湖，被列入国际重要湿地名录。

2011—2018年共五批6处入选世界生物圈保护区。其中，第十六批入选的广西猫儿山，拥有华南最高峰猫儿山和特有两栖动物猫儿山小鲵，是漓江、资江、浔江三江源头。第十七批入选的陕西牛背梁，是我国唯一以保护羚牛及其栖息地为主的保护区，秦岭东段生物多样性最丰富的地区；江西井冈山拥有整个北纬26° 亚热带区最大且连片的原生性阔叶林，是井冈山脊蛇的唯一分布地。第十八批入选的辽宁蛇岛—老铁山，是蛇岛蝮蛇的唯一分布地，东亚—澳大利亚候鸟迁徙路线上重要的中途停歇地“老铁山鸟栈”。第十九批入选的内蒙古汗马，是中国保存最为完整、最为原始的寒温带明亮针叶林区，中国特有的“使鹿部落”敖鲁古雅鄂温克族的家园。第二十批入选的安徽黄山，是新安江、昌江、青弋江和秋浦河重要的水源地，国家级风景名胜区。

三、世界地质公园

世界地质公园是以其地质科学意义、珍奇秀丽和独特的地质景观为主，融合自然景观与人文景观的自然公园。这一概念在20世纪90年代中期提出，于2000年后开始推行，由联合国教科文组织负责评选，目标是选出超过500个值得保存的地质景观以加强保护。这些地区拥有的地质景观和地质建造是地球演化历史的重要见证，并对我们未来的可持续发展起着决定作用。建立地质公园的主要目的有三个，即保护地质遗迹及其环境，促进科普教育和科学研究的开展，合理开发地质遗迹资源并促进所在地区社会经济的可持续发展。

联合国教科文组织世界地质公园的评价标准有以下六条：

（1）必须为单一、统一的地理区域，并按照统一的保护、教育和可持续发展概念进行管理；必须具有明确边界和适当的面积并拥有具有国际意义的地质遗产。

（2）应利用与该区域自然和文化遗产等其他方面有关联的地质遗产，提高对地质过程、地质灾害、气候变化、可持续利用资源的必要性、生命的进化等方面知识的了解。

（3）应设立法律地位受国家立法承认的管理结构，以充分管理世界地质公园的全部区域。

（4）应促使地方社区和土著人民作为关键的利益攸关方积极参与管理，在其中规定当地人民的社会和经济需要，保护他们生活在其中的景观，保护其文化特性。

（5）鼓励各个世界地质公园分享经验、交流意见，并在世界地质公园网络的范围内开展联合项目。

（6）必须尊重和保护与地质遗产有关的地方和国家法律，并利用世界地质公园增进地方和国家对地质遗产的保护。

截至2021年4月，全球已选出169个世界地质公园，分布在除南极洲和大洋洲以外的其余五大洲的44个国家。中国已有41个世界地质公园，数量稳居世界第一（图5.3）。以下对我国入选的41个世界地质公园进行简要介绍，相关资料来源于世界地质公园网络和联合国教科文组织官网。

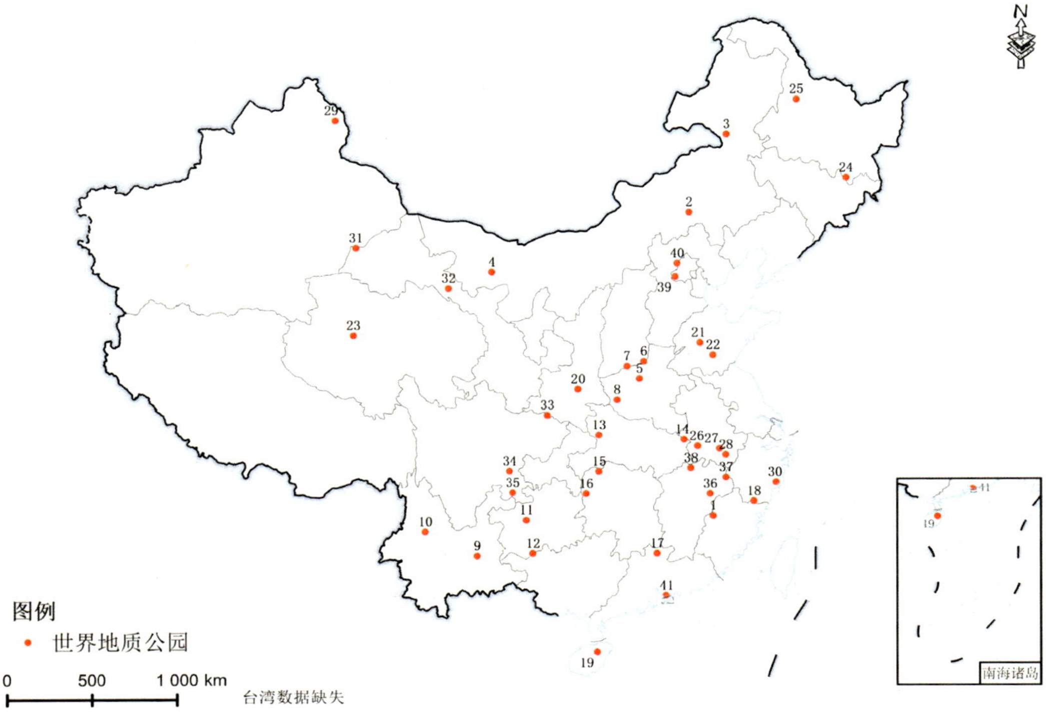

图5.3 中国世界地质公园分布情况
1.泰宁 2.克什克腾 3.阿尔山 4.阿拉善沙漠 5.嵩山 6.云台山 7.王屋山—黛眉山 8.伏牛山 9.石林 10.大理苍山 11.织金洞 12.乐业—凤山 13.神农架 14.黄冈大别山 15.张家界 16.湘西 17.丹霞山 18.宁德 19.雷琼 20.秦岭终南山 21.泰山 22.沂蒙山 23.昆仑山 24.镜泊湖 25.五大连池 26.天柱山 27.九华山 28.黄山 29.可可托海 30.雁荡山 31.敦煌 32.张掖 33.光雾山—诺水河 34.自贡 35.兴文 36.龙虎山 37.三清山 38.庐山 39.房山 40.延庆 41.香港

2004年第一批入选的世界地质公园共8处，其中安徽黄山是中生代花岗岩地貌的代表地区；江西庐山具有100余处重要冰川地质遗迹、地垒式断块山构造和变质核杂岩构造遗迹；河南云台山具有构造单面山体地貌、断崖飞瀑、幽谷清泉地貌；云南石林是喀斯特地貌奇观集聚地；广东丹霞山是丹霞地貌典型代表地区；湖南张家界具有世界上极为罕见的砂岩峰林地貌；黑龙江五大连池具有世界上保存最完整、分布最集中、状貌最典型的新老期火山地质地貌；河南嵩山岩石演变完整，35亿年以来太古宙、元古宙、显生宙

（古生代、中生代、新生代）的地层和岩石均有出露。

2005年第二批入选的世界地质公园有4处，其中浙江雁荡山是亚洲大陆边缘巨型火山（岩）带中白垩纪火山的典型代表；福建泰宁以丹霞地貌为主体，兼有花岗岩、火山岩、构造地质地貌等多种地质遗迹；内蒙古克什克腾具有第四纪冰川遗迹、花岗岩石林、岩臼地貌、槽台构造分界线；四川兴文是国内最早的天坑研究和命名地，研究西南地区岩溶地貌的典型地区之一。

2006年第三批入选的世界地质公园有6处，其中黑龙江镜泊湖具有火山地质遗迹、水体景观地质遗迹和花岗岩类地质遗迹；山东泰山具有前寒武纪地质、寒武纪地层及构造地貌；河南王屋山—黛眉山具有典型地质剖面和地质地貌景观；河南伏牛山具有造山带花岗岩地貌类型、造山带岩溶地质地貌和异质性特征；房山位于北京市及河北省，是周口店北京人遗址，具有陆内造山带遗迹、地表岩溶地貌与地下岩溶景观；雷琼位于海南省及广东省，具有101 座火山，是我国第四纪火山带之首。

2008—2010年三批入选的世界地质公园有6处，其中第四批入选的江西龙虎山，以丹霞地貌为主体且类型多样齐全，兼有火山岩地貌和构造地貌；四川自贡，是我国重要的恐龙化石产地。第五批入选的陕西秦岭终南山，具有造山带地质遗迹和第四纪地质遗迹；内蒙古阿拉善沙漠，以沙漠、戈壁为主的地质景观，系统而完整地展示了风蚀地质作用过程。第六批入选的广西乐业—凤山，是典型块状岩溶区，拥有全球最大的乐业大石围天坑群；福建宁德，集晶洞花岗岩地貌、火山岩地貌、河床侵蚀地貌、海岸海蚀地貌于一体。

2011—2015年五批共入选世界地质公园9处，其中第七批入选的安徽天柱山，是大别山超高压变质带经典地段；香港地质公园具有中生代白垩纪六边形酸性火山岩柱状节理，以及古生代、中生代、新生代的地层地质遗迹。第八批入选的江西三清山，具有花岗岩地质地貌。第九批入选的北京延庆地质公园，具有北方岩溶地貌、地质构造和古生物化石遗迹；湖北神农架地质公园，具有晚前寒武系地层、岩溶地貌和冰川地貌。第十批入选的青海昆仑山，具有地震遗迹和冰川地貌；云南大理苍山具有构造形迹、岩石地貌、冰川地貌和水体景观。第十一批入选的甘肃敦煌地质公园具有风蚀地貌和风积地貌；贵州织金洞具有岩溶遗迹、古生物化石遗迹、地层岩石遗迹和构造遗迹。

2017—2020年四批共入选世界地质公园8处，其中第十二批入选的内蒙古阿尔山，具有火山遗迹、温泉地貌、花岗岩地貌、高山湖泊及高原曲流河地貌；新疆可可托海具有花岗岩地貌景观和稀有金属矿床。第十三批入选的四川光雾山—诺水河，具有沉积序列、岩溶地貌及构造地貌，是世界上最大的冰河期植物化石水青冈保护区之一；湖北黄冈大别山的高压、超高压变质榴辉岩是华北地块与扬子地块俯冲碰撞的重要证据。第十四批入选的安徽九华山具有花岗岩复式岩体、大型花岗岩断块地貌与独有的富流体花岗岩结晶构造；山东沂蒙山是岱崮地貌的命名地，是中国发现最早的金伯利岩型金刚石原生矿。第十五批入选的湖南湘西地质公园，具有世界上规模最大的红色碳酸盐岩石林和高原切割型台地—峡谷群等地质遗迹；甘肃张掖，是窗棂状—宫殿式丹霞地貌的命名地。

四、国际重要湿地

国际重要湿地是指符合《湿地公约》评估标准，由缔约国提出加入申请，经国际重要湿地秘书处批准后列入《国际重要湿地名录》的湿地。《湿地公约》，全称为《关于特别是作为水禽栖息地的国际重要湿地公约》，是为了保护湿地而于1971年签署的全球性政府间保护公约，宗旨是通过国家行动和国际合作来保护和合理利用湿地。国际重要湿地的评估标准有以下7项，一是包含着适当生物地理区内一个自然或近自然湿地类型的一处具有代表性的、稀有的或独特的范例；二是支持着易危、濒危、极危物种或受威胁的生态群落；三是支持着对维护一个特定生物地理区生物多样性具有重要意义的植物或动物种群；四是支持动植物物种生命周期的某一关键阶段或在不利条件下为其提供庇护场所；五是定期栖息有2万只或更多的水禽；六是定期栖息有一个水禽物种或亚种某一种群1%的个体；七是栖息着绝大部分本地鱼类种、亚种或科，其生命周期的各个阶段、种内和种间关系对湿地效益具有代表性，并因此有助于全球生物多样性。

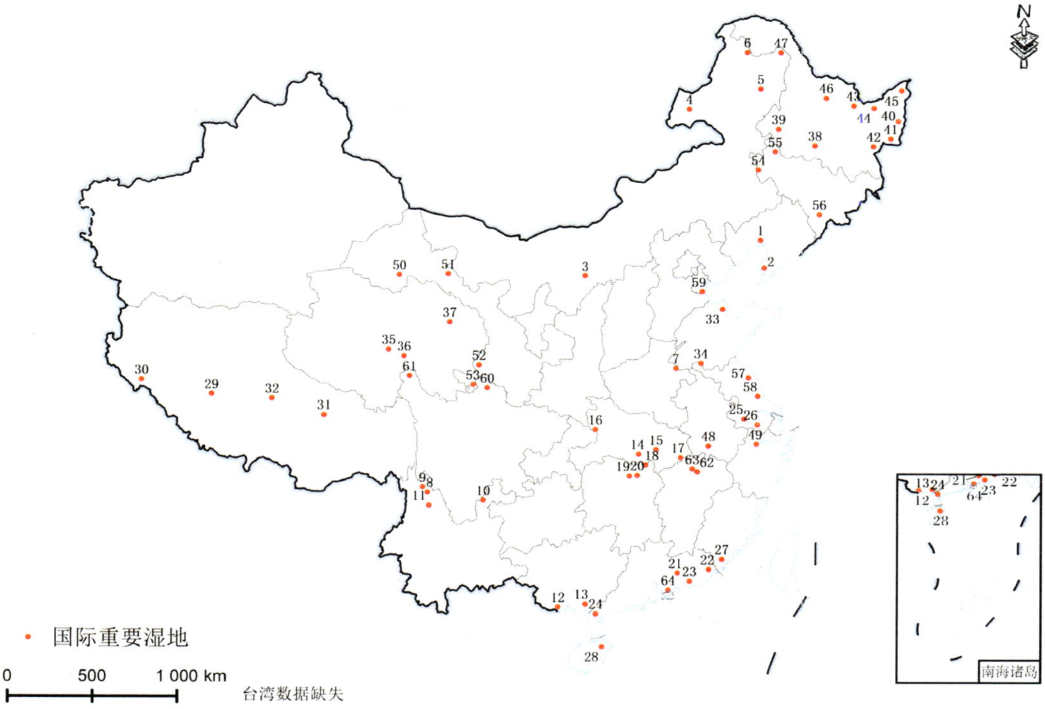

图5.4　中国国际重要湿地分布情况

1.辽河口　2.大连斑海豹　3.鄂尔多斯　4.达赉湖　5.毕拉河　6.大兴安岭汗马　7.民权黄河故道　8.碧塔海　9.纳帕海　10.大山包　11.拉市海　12.北仑河口　13.山口红树林　14.洪湖　15.沉湖　16.大九湖　17.网湖　18.东洞庭湖　19.西洞庭湖　20.南洞庭湖　21.惠东港口海龟　22.南澎列岛　23.海丰公平大湖　24.湛江红树林　25.崇明东滩　26.长江口中华鲟　27.漳江口红树林　28.东寨港　29.扎日南木错　30.玛旁雍错　31.麦地卡　32.色林错　33.黄河三角洲　34.南四湖　35.扎陵湖　36.鄂陵湖　37.鸟岛　38.哈东沿江　39.扎龙　40.东方红　41.珍宝岛　42.兴凯湖　43.七星河　44.洪河　45.三江　46.友好　47.南瓮河　48.升金湖　49.杭州西溪　50.盐池湾　51.张掖黑河　52.尕海　53.黄河首曲　54.向海　55.莫莫格　56.哈泥　57.盐城　58.大丰　59.北大港　60.若尔盖　61.长沙贡玛　62.鄱阳湖南矶　63.鄱阳湖　64.米埔沼泽和内后海湾

截至2021年9月，全球拥有国际重要湿地2 431个。我国于1992年加入《湿地公约》，截至2020年9月，我国国际重要湿地数量达64处，分布在包含香港在内的24个省级行政区域（图5.4）。下面将对我国的64个国际重要湿地进行简要介绍，相关资料来源于Ramsar湿地公约官网及国家林业和草原局湿地管理司（中华人民共和国国际湿地公约履约办公室）官网。

2000年以前有两批7处湿地列入国际重要湿地名录，其中1992年列入的第一批共6处，分别是吉林向海、黑龙江扎龙、江西鄱阳湖、湖南东洞庭湖、青海鸟岛、海南东寨港；1995年列入的第二批为香港米埔沼泽和内后海湾。

2002—2009年有四批共30处列入国际重要湿地名录，其中2002年第三批列入共14处，分别为上海崇明东滩、江苏大丰、内蒙古达赉湖、辽宁大连斑海豹、内蒙古鄂尔多斯、黑龙江洪河、广东惠东港口海龟、湖南南洞庭湖、黑龙江三江、广西山口红树林、湖南西洞庭湖、黑龙江兴凯湖、江苏盐城、广东湛江红树林。2004年第四批列入共9处，分别为云南碧塔海、云南大山包、青海鄂陵湖（图5.5）、云南拉市海、西藏麦地卡、西藏玛旁雍错、云南纳帕海、辽宁辽河口、青海扎陵湖。2008年第五批列入共6处，分别为福建漳江口红树林、广东海丰公平大湖、广西北仑河口、湖北洪湖、上海长江口中华鲟、四川若尔盖。2009年第六批，为

浙江杭州西溪。

2011—2020年共五批27处入选国际重要湿地，其中2011年第七批入选共4处，分别为甘肃尕海、黑龙江南瓮河、黑龙江七星河、黑龙江珍宝岛。2013年第八批入选共5处，分别为湖北沉湖、黑龙江东方红、湖北大九湖、山东黄河三角洲、吉林莫莫格。2015年第九批入选共3处，分别为甘肃张掖

图5.5　鄂陵湖国际重要湿地（摄影 李金利）

黑河、安徽升金湖、广东南澎列岛。2018年第十批入选共8处，分别为内蒙古大兴安岭汗马、黑龙江友好、吉林哈泥、山东南四湖、湖北网湖、西藏色林错、四川长沙贡玛、甘肃盐池湾。2020年第十一批入选共7处，分别为天津北大港、河南民权黄河故道、内蒙古毕拉河、黑龙江哈东沿江、甘肃黄河首曲、西藏扎日南木错、江西鄱阳湖南矶。

参考文献

Du A, Xu W, Xiao Y, et al, 2020. Evaluation of prioritized natural landscape conservation areas for national park planning in China［J］. Sustainability, 12（5）: 1 840.

The Biodiversity Committee of Chinese Academy of Sciences, 2020. Catalogue of Life China: 2020 Annual Checklist, Beijing, China.

Xu W, PIMM S, Du A, et al, 2019. Transforming protected area management in China［J］. Trends in Ecology and Evolution, 34（9）: 762–766.

Xu W, Xiao Y, Zhang J, et al, 2017. Strengthening protected areas for biodiversity and ecosystem services in China［J］. Proceedings of the National Academy of Sciences of the United States of America, 114（7）: 1 601–1 606.

高吉喜，薛达元，马克平，等，2018.中国生物多样性国情研究［M］.北京：中国环境出版集团.

欧阳志云，徐卫华，杜傲，等，2018. 中国国家公园总体空间布局研究［M］. 北京：中国环境出版集团.

欧阳志云，徐卫华, 肖燚，等，2017. 中国生态系统格局、质量、服务与演变［M］. 北京：科学出版社.

欧阳志云，徐卫华，2014. 整合我国自然保护区体系，依法建设国家公园［J］. 生物多样性，22（4）：425–426.

谢凝高，2004. 中国的名山大川［M］. 北京: 商务印书馆.

薛达元，张渊媛，2019.中国生物多样性保护成效与展望［J］.环境保护，47(17):38–42.

杨文波，曹坤，李继龙，等，2020.我国水产种质资源保护浅析［J］.中国水产，（8）：24–26.

臧振华, 张多, 王楠, 等, 2020. 中国首批国家公园体制试点的经验与成效、问题与建议. 生态学报, 40(24): 8839–8850.

中华人民共和国生态环境部， 2019. 中国履行《生物多样性公约》第六次国家报告［M］. 北京：中国环境出版集团.

Abstract

This book introduces systematically the current situation of biodiversity and other important natural resources in China, as well as the current protection situation. There are five chapters in total. The first chapter analyzes the characteristics of biodiversity in China. The second chapter discusses the spatial distribution of natural heritage and natural landscape. The third chapter introduces the construction of protected areas in China. The fourth chapter summarizes the construction and protection effect of the national park pilot. The fifth chapter introduces the development and construction of important international nature reserves in China.

1. Characteristics of China's Biodiversity

China is one of the 12 countries with the richest biodiversity in the world because of its vast territory, complex geomorphic types, and rich and unique biodiversity. In Chapter One, we analyze the characteristics of biodiversity, including ecosystem, species and genetic resources in China.

There are 683 types of natural ecosystem in China, including 240 types of forest, 112 types of shrub, 122 types of grassland, 49 types of desert, 145 types of wetland, 15 types of alpine tundra and alpine cushion ecosystems. Among them, important forest ecosystems are mainly distributed in Xing' an Mountains in Northeast China, Qinling Mountains, Hengduan Mountains, Yunnan-Guizhou Plateau, Nanling Mountains, Wuyi Mountains, and the central mountainous areas of Hainan. The important grasslands are mainly distributed in the eastern part of Tibetan Plateau, the mountainous areas, plain wetlands and seashore in the northern temperate zone. The key protected wetlands are mainly distributed in the northeast mountainous area, Sanjiang Plain, the eastern edge of Tibet Plateau, middle and lower Yangtze rivers, and coastal areas. The important desert ecosystems are mainly distributed in Tarim Basin, Junggar Basin, Tengger Desert and Kunlun Mountain in Northwest China. In addition, there are several marine ecosystems in the Bohai Sea, Yellow Sea, East China Sea and South China Sea that need to be protected.

China is rich in biological species. According to the latest statistics, there are 115, 064 known species. The number of higher plant species in China ranks third in the world, next to Brazil and Colombia. It is the country with the richest plant species in the northern hemisphere. Nearly 8, 000 species of vertebrates inhabit and breed in China, which ranks first in the number of mammal species and is also one of the countries with the most abundant birds around the world. There are 980 species and 8 clumps (whole genus or family or order) of animal, 455 species and 40 clumps of plant are listed in Class Ⅰ and Ⅱ of national protection species.

China is also a country with rich biological genetic resources. It is the birthplace of rice, soybean and other important crops, the main origin center of wild and cultivated fruit trees, and also one of the countries with the richest domestic animal species in the world. There are many kinds of cultivated crops in China, including 528 categories and 1, 339 cultivated varieties, and many of them have wild relatives. China is a large country in forest genetic resources, with more than 8, 000 species of woody plants, which account for 54% of the world's forest resources, ranking first in the northern hemisphere. There are 948 local breeds, cultivated breeds, introduced breeds and related strains of livestock and poultry, of which 547 are local breeds, which account for 57.7% of the total. A wide variety of aquatic organisms and rich aquatic germplasm resources are also attractive, with more than 2, 400 kinds of fish resources in four sea areas of China.

2. China's Natural Heritages and Landscapes

Due to complex natural conditions such as geology, topography and climate, various types of natural heritages gradually formed in China. As a country with the largest number of world heritage sites, China's precious natural landscape, both in quantity and quality, plays a vital role in the world. In Chapter Two, we discuss the spatial distribution of natural heritages and landscapes in China, and key areas for protection.

According to the United Nations Educational, Scientific and Cultural Organization (UNESCO), natural heritage is designated area with natural features, geological and physical geographical structure, including habitats of endangered species of animals and plants and valuable natural sites from the perspective of science, conservation or natural beauty. In the current classification standards of protected areas in China, natural heritage refers to geological heritage and paleontological heritage with special significance. In the vast territory, there are different geotectonic units and physical geographical divisions, including karst, volcano, glacier, sea erosion, Danxia, Yadan, granite Qifeng and other peculiar geological and geomorphic landscapes. According to the priority protection level and distribution characteristics of key protected natural heritages, 19 key conservation areas of natural relics are selected. They are Beijing Xishan, Wutai Mountain, Changbai Mountain, Wudalianchi Lake, Huangshan Mountain, Lushan Mountain, China Danxia, Taishan Mountain, Funiu Mountain, South Taihang Mountain, Three Gorges, Shangri La, Southern karst, Fanjing Mountain, Kunlun Mountain, East Tianshan Mountain, Altai Mountain, Wuyi Mountain and Jiuzhaigou Valley.

China's natural landscape not only represents the image of the region and the country, but also an important part of the world's natural landscapes and natural heritages. There are more than 3, 000 natural landscapes with significant conservation value in China, covering 55 world heritages, 34 World Biosphere Reserves and 39 world geoparks. They are divided into four types. Terrestrial landscape mainly includes mountains, deserts, canyons, Danxia, karst, volcanoes, natural relics, coasts and islands. Hydrological landscape includes rivers, lakes, swamps and waterfall. Biological landscape includes forest, grassland meadow, rare wildlife and its habitats. Meteorological landscape includes sun, moon, starlight, clouds, and snow. Similarly, we discuss the priority protection areas for natural landscape, which are mainly distributed in the western part of China with a large area. Among them, landscapes in southwest area are mainly composed of mountains, animal and plant habitats, plateau lakes, swamps and wetlands, and valleys. They include Himalayas, giant panda habitat, Qinghai Lake, Zoige Wetland, three parallel rivers region. Landscapes in Northwest China are dominated by mountains and deserts, including Tianshan Mountains, Qilian Mountains, Kumtag and Alxa deserts. There are also numbers of natural landscapes (e.g. mountains, forests, grasslands and wetlands landscape) in Northeast China, mainly including Changbai Mountain, primeval forest of Greater Khingan Mountains, Hulunbeier Grassland, wetlands of Lesser Khingan Mountains. Landscapes in central and eastern regions of China have a relatively small area where natural landscapes are dominated by mountains, wetlands, karst, Danxia and other unique landscapes. Important natural landscapes are located in Shennongjia, Poyang Lake, northern Jiangsu coastal wetlands, Guilin Lijiang River, Wuyi Mountain and other places.

3. China's Protected Areas

The protected areas are the most important ecological security barrier, the core of global and national natural protection strategy, and also the most effective natural protection means recognized by the world. They play a very important role in protecting biodiversity and guarding national ecological security. In Chapter Three, we review the construction of protected areas in China, introducing the types and management effectiveness of nature protection, and the development status of representative protected areas.

There were many types of protected areas in China in the past. After the administration system reform, the protected area system composed of national parks, natural reserves and nature parks has gradually formed. National Park refers to the specific land or sea area for the purpose of protecting the national representative natural ecosystem and realizing the object of the scientific protection and rational utilization of natural resources. Nature reserve refers to the land, water body or sea area where the representative natural ecosystem, rare and endangered wildlife species are distributed, and the natural relics of special significance are located. Certain areas are designated according to law for special protection and management. Nature park are regions with ecological, ornamental, cultural and scientific value and can be used sustainably in terms of important natural ecosystems, natural relics and natural landscapes.

By the end of 2020, China has more than 10, 000 protected areas including as national parks, nature reserves and natural parks (excluding Hong Kong, Macao and Taiwan), taking over 18% of the total land area. Establishment of protected areas is an effective measure to protect the ecological environment and biodiversity, to set up ecological barriers and maintain the ecological security. However, many problems formed in history, including imperfect laws, weak regulatory capacity, lack of top-level design of protected areas, have not been fundamentally solved. Biodiversity conservation is hindered by some problems, such as the vague orientation of protection management, the unclear rights and responsibilities of main natural resources, the unclear boundary of protected areas, and the prominent contradiction between protection and development.

The objectives of protected areas management are to protect natural ecology, natural resources, biodiversity and geological landscape diversity, maintain the health and stability of the natural ecosystem, and improve ecosystem services. Therefore, the protected areas serve society and provide high-quality ecological products for the people, and public services such as scientific research, education, experience and recreation for the whole society. They can also maintain the harmonious coexistence and sustainable development of humans and nature. The management contents and tasks of protected areas include hierarchical and overall management, handling of historical problems left over by aborigines and enterprises, management of natural resources and assets, control of illegal and illegal events, interference of human activities, scientific research and education management.

We selected 16 typical protected areas in China for detailed introduction, including 13 national nature reserves and three nature parks (one scenic spot, one forest park and one geological park). The 12 famous reserves cover different ecosystems such as forest ecosystems (Changbai Mountain, Tianmu Mountain, Jiuzhaigou, Maolan, Xishuangbanna), wetland or coastal ecosystems (Zhalong, Yellow River Delta, Yancheng, Chongming Dongtan, Poyang Lake, Dongzhaigang), grassland and deserts (Qomolangma Mountain, Hoh Xil). The three nature parks are Huangshan Scenic Spot in Anhui province, Danxia Geopark in Guangdong province and Zhangjiajie Forest Park in Hunan province, which are set up for their charming natural landscape.

4. China's National Park System Pilot

Chinese central government are carrying out the pilot construction of national park system. The main purposes are to solve thoroughly the problems of lack of systematic planning, overlapping setting, multiple management, unclear boundaries, unclear rights and responsibilities, and ease contradictions between protection and development in the original protected areas. By doing so, the systematic protection of important natural ecosystems, natural heritage, natural landscapes and biodiversity can be achieved. Provision capacity of high-quality ecological products should be improved and national ecological security be achieved.

The construction and protection results of China's national park pilots are introduced in Chapter Four. The idea of establishing national park system was proposed in 2013. The central government document "guiding opinions on the establishment of protected areas system with national parks as the main body" was issued in 2019.

There are three concepts in National Park Establishment. The first is ecological protection. It is the primary function of the national park, followed by scientific research, education, and recreation. Therefore, national parks give priority to ecological protection of ecology. The second is national representativeness. Natural ecosystems, species heritages and landscapes with national representativeness can be protected in National Park. The third is public welfare. The construction of national parks also emphasizes the public welfare for the whole people, encourages public participation, and stimulates the awareness of nature protection.

Ten national park pilots were also introduced in Chapter Four. China has set up the first batch of 10 national park pilots, involving 12 provinces, with a total area of 223, 000 km^2. They are Northeast Tiger Leopard National Park Pilot, Qilian Mountain National Park, Giant Panda National Park, Three-River-Source National Park, Hainan Tropical Rain forest National Park, Wuyishan National Park, Shennongjia National Park, Potatso National Park, Qianjiangyuan Baishanzu National Park, and Hanan Nanshan National Park.

5. Important International Protected Areas

The international protected area system is on the road of continuous development and improvement. Different international organizations and institutions have put forward different types of protected areas for diverse purposes. In addition to national parks, nature reserves and natural parks approved by the state, there are also international protected areas such as World Heritage, Man and Biosphere Reserves and World Geoparks recognized by relevant international organizations. Chapter Five of this book introduces the development and construction of World Heritage, Man and Biosphere Reserves, World Geoparks and Wetlands of International Importance in China.

World heritage recognized by UNESCO World Heritage Committee is a kind of rare, irreplaceable and nonrenewable resources which are manifested as natural region or cultural heritage with outstanding universal value. By the time of July 2021 (44th World Heritage conference), there are 1, 154 World Heritages in the world, including 897 cultural heritages, 218 natural heritages and 39 cultural and natural heritages. Since China joined the World Heritage Convention in 1985, it has successfully declared 56 world heritages distributed in 29 provinces (autonomous regions, municipalities and special administrative regions), including 38 cultural heritages, 14 natural heritages and 4 cultural and natural dual heritages. In recent years, the number of World Heritages in China has increased rapidly, ranking first in the world with the total number of world heritages, natural heritages and dual heritages.

Man and Biosphere Reserve is a “learning place for sustainable development”, combining the functions of protection, development, training and monitoring. As of January 2021, there are 714 Man and Biosphere Reserves distributed in 129 countries. China joined the Man and Biosphere Program in 1973, and developed 34 Man and Biosphere Reserves distributed in most of the administrative regions of China. These reserves protect a considerable part of China's natural resources. Man and Biosphere Reserve is typical representatives and excellent platforms for implementing the “Man and Biosphere Plan” and carrying out the strategies of “Sustainable Development”, “Ecological Civilization” and “Beautiful China”.

The concept of World Geoparks, conserving rare, beautiful and unique geological landscape, was proposed in the mid-1990s and has been in operation since 2000. UNESCO is responsible for selecting more than 500 geological landscapes worth preserving worldwide to carry out a series of protection measures. At present, China has 41 of the 161 global geoparks, ranking first in the world.

Wetlands of International Importance refer to these wetlands that meet the assessment criteria of *The Convention on Wetlands*, approved by the Secretariat of Wetlands of International Importance, and listed in the Wetlands of International Importance. A total of 171 contracting parties by 2021. There are 2, 418 Wetlands of International Importance worldwide, with a total area of 2.546 million square kilometers. China joined *The Convention on Wetlands* in 1992. At present, there are 64 important wetlands distributed in 24 provincial administrative regions.